できるポケット

Excel 2024

Office 2024 & Microsoft 365 版

基本&活用 マスターブック

羽毛田睦土 & できるシリーズ編集部

インプレス

本書の読み方

レッスンタイトル
やりたいことや知りたいことが探せるタイトルが付いています。

練習用ファイル
レッスンで使用する練習用ファイルの名前です。ダウンロード方法などは4ページをご参照ください。

サブタイトル
機能名やサービス名などで調べやすくなっています。

操作手順
パソコンの画面を撮影して、操作を丁寧に解説しています。

●手順見出し

1 Excelを起動するには

操作の内容ごとに見出しが付いています。目次で参照して探すことができます。

●操作説明

1 [スタート] をクリック

実際の操作を1つずつ説明しています。番号順に操作することで、一通りの手順を体験できます。

●解説

スタート画面が表示された

操作の前提や意味、操作結果について解説しています。

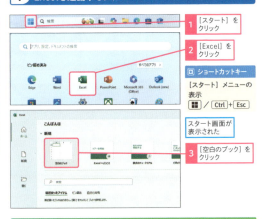

動画で見る

パソコンやスマートフォンなどで視聴できる無料のYouTube動画です。詳しくは18ページをご参照ください。

関連情報

レッスンの操作内容を補足する要素を種類ごとに色分けして掲載しています。

💡 使いこなしのヒント

操作を進める上で役に立つヒントを掲載しています。

⌨ ショートカットキー

キーの組み合わせだけで操作する方法を紹介しています。

⏱ 時短ワザ

手順を短縮できる操作方法を紹介しています。

🔍 用語解説

覚えておきたい用語を解説しています。

⚠ ここに注意

間違えがちな操作の注意点を紹介しています。

● 空白のブックが表示された

新しい空白のブックが表示された

01 Excelの起動・終了

⌨ ショートカットキー

アプリの終了
Alt + F4

2 Excelを終了するには

ここではファイルを保存せずに終了する

1 [閉じる]をクリック

Excelが終了する

Excelが終了して、デスクトップが表示される

⏱ 時短ワザ
Excelをタスクバーにピン留めをする

Excelのアイコン上で右クリックして、メニューから「タスクバーにピン留めをする」をクリックすると、Excelをタスクバーに常に表示させることができます。以降は、タスクバーのExcelのアイコンをクリックすると手順1のスタート画面が表示されます。

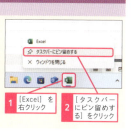

1 [Excel]を右クリック

2 [タスクバーにピン留めする]をクリック

※ここに掲載している紙面はイメージです。実際のレッスンページとは異なります。

練習用ファイルの使い方

本書では、レッスンの操作をすぐに試せる無料の練習用ファイルを用意しています。ダウンロードした練習用ファイルは必ず展開して使ってください。ここではMicrosoft Edgeを使ったダウンロードの方法を紹介します。

▼練習用ファイルのダウンロードページ
https://book.impress.co.jp/books/1124101130

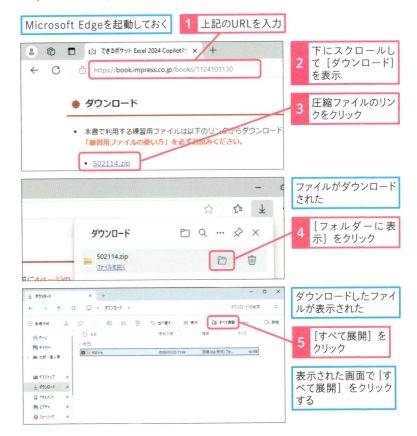

●練習用ファイルを使えるようにする

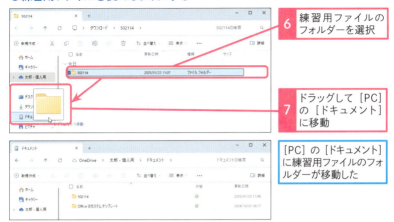

6 練習用ファイルのフォルダーを選択

7 ドラッグして[PC]の[ドキュメント]に移動

[PC]の[ドキュメント]に練習用ファイルのフォルダーが移動した

⚠ ここに注意

インターネットを経由してダウンロードしたファイルを開くと、保護ビューで表示されます。ウイルスやスパイウェアなど、セキュリティ上問題があるファイルをすぐに開いてしまわないようにするためです。ファイルの入手時に配布元をよく確認して、安全と判断できた場合は[編集を有効にする]ボタンをクリックしてください。

練習用ファイルの内容

練習用ファイルには章ごとにファイルが格納されており、ファイル先頭の「L」に続く数字がレッスン番号、次がレッスンのサブタイトルを表します。練習用ファイルが複数あるものは、手順見出しに使用する練習用ファイルを記載しています。手順実行後のファイルは、[手順実行後]フォルダーに格納されており、収録できるもののみ入っています。

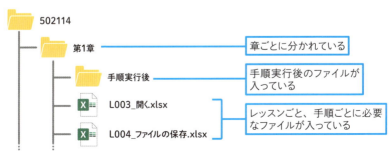

主なキーの使い方

＊下はノートパソコンの例です。機種によってキーの配列や種類、印字などが異なる場合があります。

キーの名前	役割
❶エスケープキー（ Esc ）	操作を取り消す
❷半角/全角キー（ 半角/全角 ）	日本語入力モードと半角英数モードを切り替える
❸シフトキー（ Shift ）	英字を大文字で入力する際に、英字キーと同時に押して使う
❹エフエヌキー（ Fn ）	数字キーまたはファンクションキーと同時に押して使う
❺スペースキー（ space ）	空白を入力する。日本語入力時は文字の変換候補を表示する
❻方向キー（ ← → ↑ ↓ ）	カーソルキーを移動する
❼エンターキー（ Enter ）	改行を入力する。文字の変換中は文字を確定する
❽バックスペースキー（ Back space ）	カーソルの左側の文字や、選択した図形などを削除する
❾デリートキー（ Delete ）	カーソルの右側の文字や、選択した図形などを削除する
❿ファンクションキー（ F1 から F12 ）	アプリごとに割り当てられた機能を実行する

使いこなしのヒント

ショートカットキーを使うには

複数のキーを組み合わせて押すことで、アプリごとに特定の操作を実行できます。本書では Ctrl + S のように表記しています。

● Ctrl + S を実行する場合

1 Ctrl キーと S キーを同時に押す

目次

本書の読み方	2
練習用ファイルの使い方	4
主なキーの使い方	6
本書の前提	18

基本編

第1章 Excelの超基礎！画面やブックの扱い方を知ろう　19

01 Excelを起動するには　20
Excelの起動・終了
Excelを起動するには
Excelを終了するには

02 Excelの画面構成を確認しよう　22
各部の名称、役割
Excel 2024の画面構成

03 ファイルを開くには　24
ファイルを開く
Excelからファイルを開く
アイコンからファイルを開く

04 ファイルを保存するには　26
ファイルの保存
ファイルを上書き保存する
ファイルに名前を付けて保存する

05 シートの挿入・削除・名前を変更するには　28
シートの挿入・削除
新しいシートを作成する
シートを削除する
シートの名前を変更する

06 シートを移動・コピーするには　30
シートの移動・コピー
シートを移動する
シートをコピーする

スキルアップ ［Excelのオプション］を表示する　32

基本編

第2章 セルの操作とデータ入力の基本をマスターしよう 33

07 セルを選択するには 34
セルの選択
セルやセル範囲を選択する
離れた場所のセルを複数選択する
行を選択する
列を選択する
複数の範囲を選択する

08 セルにデータを入力するには 38
データの入力
データを入力する
入力したデータの一部を修正する
データを消去する

09 様々なデータを入力するには 40
数値や日付の入力
日付を入力する
時刻を入力する
数値を入力する
0で始まる数字を入力する

10 操作を元に戻すには 42
元に戻す、やり直し
操作を元に戻す
取り消した操作をやり直す

11 セルの幅や高さを変更するには 44
セルの幅や高さの変更
セルの幅を変更する
セルの高さを変更する
複数のセルの幅や高さを変更する

12 行・列の挿入や削除をするには 46
データの挿入、削除
行や列を挿入する
行や列を削除する
複数の行や列を挿入する
コピーした行や列を挿入する

スキルアップ 行や列を非表示にするには 50

基本編

第3章 表やデータの見た目を見やすく整えよう　51

13 セルの値について理解しよう　52

セルの3層構造
セルの3層構造とは？
「①本来の値」は、数値と文字列の2種類がある
数字だけが並ぶデータに注意

14 数字や日付の表示を変更するには　54

表示形式
桁区切りを付けて表示する
パーセントで表示する
日付の表示を「何年何月何日」で表示する
日付の年を元号で表示する

15 セルを結合するには　58

セルの結合
セルを結合する

16 文字の位置を調整するには　60

文字の位置
文字の表示位置を変更する
文字を折り返して表示する
セル内で改行する
文字を縮小して表示する

17 文字やセルの色を変更するには　64

フォントや色の変更
文字の大きさを変更する
文字を太字にする
文字の種類を変更する
セルの色を変える
文字の色を変える

18 罫線を引くには　68

罫線
複数のセルに罫線を引く
セルの下に罫線を引く

スキルアップ　セルの書式をコピーする　72

基本編

第4章 データ入力と表の操作を効率化しよう　73

19 連続したデータを入力するには　74
オートフィル
数字の連番を作成する
月末日付を入力する

20 データのコピーや移動をするには　76
データのコピー、移動
セルの内容をコピーして貼り付ける
行や列全体をコピーして貼り付ける
セルの内容を切り取って貼り付ける

21 入力できるデータを制限するには　80
データの入力規則
入力できるデータを選択できるようにする
入力できる値を制限する

22 目的のデータを検索するには　82
検索
シート全体を検索する

23 検索したデータを置換するには　84
置換
データを1つずつ置換する

24 フィルターを使って条件に合う行を抽出するには　86
フィルター
フィルターボタンを表示する
特定の条件を満たす行を抽出する
抽出条件を解除するには
複雑な条件で行を抽出する
複数の条件で行を抽出する
フィルターを解除する

25 データの順番を並べ替えるには　92
並べ替え
データを並べ替える
複数の条件でデータを並べ替える

スキルアップ　ウィンドウ枠を固定する　94

基本編

第5章 数式や関数を使って正確に計算しよう 95

26 セルの値を使って計算するには 96
数式の入力
他のセルを参照して計算する
矢印キーでセルを選択して計算する

27 数式や値を貼り付けるには 98
数式のコピー、値の貼り付け
数式をコピーして貼り付ける
計算結果を貼り付ける

28 日付を処理するには 100
日付の処理
シリアル値とは
日付をシリアル値で表示する
翌日の日付を計算するには

29 参照方式について覚えよう 102
参照方式
相対参照と絶対参照
参照方法を変更するには
絶対参照を入力するには

30 絶対参照を使った計算をするには 104
絶対参照
構成比を計算する

31 複合参照を使った計算をするには 106
複合参照
マトリックス型の計算をする

32 関数で足し算をするには 108
SUM関数、オートSUM
オートSUMで計算する

33 平均を求めるには 110
AVERAGE関数
売上の平均を求める

34 四捨五入をするには　　　　112
ROUND関数
消費税を四捨五入する

35 他のシートのデータを集計するには　　　　114
他のシートの参照
他のシートのセルを参照する

スキルアップ セルの文字同士を結合する　　　　116

基本編

第6章 用途に応じて的確に表を印刷しよう　　　　117

36 印刷の基本を覚えよう　　　　118
印刷の基本
[印刷] 画面を表示する
プリンターを選択する
印刷の向きを設定する
用紙の種類を設定する
余白を設定する
印刷する

37 表に合わせて印刷するには　　　　122
印刷設定
1ページに収めて印刷する
縦長の表を印刷する

38 改ページの位置を調整するには　　　　124
改ページプレビュー
改ページプレビューを表示する
改ページの位置を変更する

39 ヘッダーやフッターを印刷するには　　　　126
ヘッダー、フッター
ヘッダーの設定をする
フッターの設定をする

40 見出しを付けて印刷するには　　　　128
印刷タイトル
タイトル行を設定する
タイトル列を設定する

41 印刷範囲を指定するには　　　　　　　　　　　130
印刷範囲
印刷範囲を選択する

スキルアップ　PDFファイルに出力するには　　　　　132

基本編

第7章　グラフと図形でデータを視覚化しよう　　　133

42 グラフを作るには　　　　　　　　　　　　　134
おすすめグラフ
グラフの要素を確認する
棒グラフを作る
データを比較するグラフを作る

43 グラフの位置や大きさを変えるには　　　　　138
グラフの移動、大きさの変更
グラフを移動する
グラフの大きさを変更する
グラフタイトルを変更する

44 グラフの色を変更するには　　　　　　　　　140
グラフの色の変更
グラフ全体の色を変更する
系列ごとにグラフの色を変更する
個別にデータ要素の色を変更する

45 縦軸と横軸の表示を整えるには　　　　　　　144
グラフ要素
グラフ要素の表示を切り替える
縦軸の最大値と最小値を変更する

46 複合グラフを作るには　　　　　　　　　　　148
複合グラフ
2種類のグラフを挿入する
グラフを手動で変更する
第2軸の間隔を変更する

スキルアップ　図形を挿入するには　　　　　　　152

活用編

第8章 データ集計に必須！ビジネスで役立つ厳選関数 153

47 条件に合うデータのみを合計するには 154
SUMIFS関数
使用例 取引先名が「ベスト食品」、月が「1」の金額合計を計算する

48 条件に合うデータの件数を合計するには 156
COUNTIFS関数
使用例 部署が営業部の人数を計算する

49 一覧表から条件に合うデータを探すには 158
VLOOKUP関数
使用例 商品コード「A002」に対応する商品名を表示する

50 VLOOKUP関数のエラーに対処するには 160
VLOOKUP関数のエラー対処
「#REF!」エラーに対処する
「#N/A」エラーに対処する

51 条件によってセルに表示する内容を変更するには 162
IF関数
使用例 達成率が100%以上であれば「達成」と表示する

52 XLOOKUP関数で条件に合うデータを探すには 164
XLOOKUP関数
使用例 コード「B001」に対応する商品名を表示する

53 名字と名前を分離するには 166
TEXTSPLIT関数
使用例 氏名を空白スペースで分割する

54 複数のシートに分かれた表を結合するには 168
VSTACK関数
使用例 1月と2月のデータを縦に結合する
使用例 1月から3月の表を縦に結合する

スキルアップ IFERROR関数でエラーを表示しないようにするには 170

活用編

第9章 大量のデータも効率よく。データを素早く可視化する 171

55 特定の文字が入力されたセルを強調表示する 172
条件付き書式
特定の文字を含むセルを強調表示する
指定した文字を含むセルを強調表示する
特定の文字から始まるセルを強調表示する

56 セルにミニグラフを表示する 176
データバー
データバーで数値の大小を視覚化する
構成比のデータにデータバーを表示する
個別に色を指定してデータバーを表示する

57 条件付き書式を編集・削除するには 178
ルールの管理
条件付き書式で設定したルールを管理する
選択した範囲の条件付き書式を削除する
一部の条件付き書式だけを削除する
条件付き書式を編集する

58 表をテーブルにして集計作業の効率を上げよう 182
テーブル
通常の表をテーブルにする
テーブル名を変更する
テーブルを通常の表に戻す

59 テーブルに数式を入力するには 184
テーブルの数式
同じ行を参照する数式を入力する
テーブル内の金額を集計する

60 ピボットテーブルを作るには 188
ピボットテーブル
ピボットテーブルとは
ピボットテーブルを挿入する
フィールドを設定する

61 ピボットテーブルを更新するには　　　192

データの更新
元データを更新する
ピボットテーブルを更新する

スキルアップ　フィールドの集計方法を変更するには　　　194

活用編

第10章 外部ファイルやデータ共有に役立つ便利ワザ　195

62 シートを非表示・再表示するには　　　196

シートの非表示・再表示
一部のシートを非表示にする
シートを非表示にする
非表示にしたシートを再表示する

63 OneDriveに保存するには　　　198

OneDrive
OneDriveについて知ろう
OneDriveにファイルを保存する
OneDriveのファイルを開く
OneDriveにあるブックを編集する

64 CSV形式のファイルを読み込むには　　　202

CSV形式
CSV形式のファイルを読み込む際の注意点
CSVファイルをメモ帳で開く
区切り位置指定ウィザードを起動する
データ形式を選択する

スキルアップ　ブックにパスワードを設定するには　　　206

活用編

第11章 生成AIで時短！表やグラフを瞬時に生成する 207

65 Microsoft Copilotで関数の使い方を調べる 208
Copilot
Excel関数の数式を教えてもらう

66 ExcelでCopilotを使ってみよう 210
Microsoft 365のCopilot
自動保存を有効にする
目立たせたいデータを指示して強調表示する

67 Copilotで表に列を追加する 212
列の追加
追加したい列を指示して列を挿入する
別シートのデータを使った列を挿入する

68 表のデータを集計してグラフを作る 214
グラフの追加
月別・商品品別に金額を集計してグラフを作る

スキルアップ グラフを提案してもらい一覧で表示する 216

ショートカットキー一覧	217
索引	219

動画について

操作を確認できる動画をYouTube動画で参照できます。画面の動きがそのまま見られるので、より理解が深まります。二次元バーコードが読めるスマートフォンなどからはレッスンタイトル横にある二次元バーコードを読むことで直接動画を見ることができます。パソコンなど二次元バーコードが読めない場合は、以下の動画一覧ページからご覧ください。

▼動画一覧ページ
https://dekiru.net/excel2024p

●用語の使い方

本文中では、「Microsoft Excel 2024」のことを、「Excel 2024」または「Excel」、「Microsoft Windows 11」のことを「Windows 11」または「Windows」と記述しています。また、本文中で使用している用語は、基本的に実際の画面に表示される名称に則っています。

●本書の前提

本書では、「Windows 11」に「Microsoft Excel 2024」または「Micosoft 365のExcel」がインストールされているパソコンで、インターネットに常時接続されている環境を前提に画面を再現しています。また一部のレッスンでは有償版のCopilotを契約してMicrosoft 365のExcelでCopilotが利用できる状況になっている必要があります。

●本書に掲載されている情報について

本書で紹介する操作はすべて、2024年10月現在の情報です。

本書は2024年11月発刊の「できるExcel 2024 Copilot対応 Office 2024&Microsoft 365版」の一部を再編集し構成しています。重複する内容があることを、あらかじめご了承ください。

「できる」「できるシリーズ」は、株式会社インプレスの登録商標です。
Microsoft、Windowsは、米国Microsoft Corporationの米国およびその他の国における登録商標または商標です。
そのほか、本書に記載されている会社名、製品名、サービス名は、一般に各開発メーカーおよびサービス提供元の登録商標または商標です。
なお、本文中には™および®マークは明記していません。

Copyright © 2025 Act Consulting LLC. and Impress Corporation. All rights reserved.
本書の内容はすべて、著作権法によって保護されています。著者および発行者の許可を得ず、転載、複写、複製等の利用はできません。

基本編

第1章

Excelの超基礎！画面やブックの扱い方を知ろう

Excelの基本的な知識を始め、起動、終了の操作方法や、画面構成について紹介します。バージョンアップによって変わった部分もあるので、確認しておきましょう。

レッスン 01 Excelを起動するには

動画で見る

Excelの起動・終了　　　練習用ファイル　なし

基本編　第1章　Excelの超基礎！画面やブックの扱い方を知ろう

Excelを起動するには、WindowsのスタートメニューからExcelのアイコンをクリックしましょう。Excelのファイルがフォルダーなどに入っている場合は、そのファイルをダブルクリックして起動することもできます。Excelを終了するときには、右上の［閉じる］ボタンをクリックしましょう。

1 Excelを起動するには

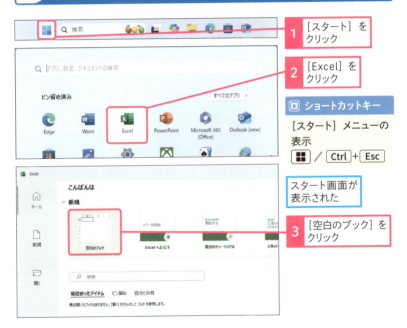

1. ［スタート］をクリック
2. ［Excel］をクリック

ショートカットキー

［スタート］メニューの表示
⊞ / Ctrl + Esc

スタート画面が表示された

3. ［空白のブック］をクリック

使いこなしのヒント

スタートメニューに表示されないときは

パソコンの機種によってはExcelのアイコンがスタートメニューに表示されない場合があります。その場合はスタートメニューの［すべてのアプリ］をクリックして、アプリの一覧から探しましょう。

● 空白のブックが表示された

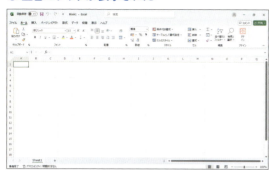

新しい空白のブックが表示された

🄺 ショートカットキー

アプリの終了
[Alt] + [F4]

2 Excelを終了するには

ここではファイルを保存せずに終了する

1 [閉じる] をクリック

Excelが終了する

Excelが終了して、デスクトップが表示される

⏱ 時短ワザ

Excelをタスクバーにピン留めをする

Excelのアイコン上で右クリックして、メニューから「タスクバーにピン留めをする」をクリックすると、Excelをタスクバーに常に表示させることができます。以降は、タスクバーのExcelのアイコンをクリックすると手順1のスタート画面が表示されます。

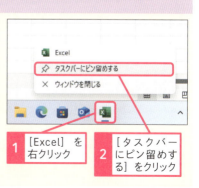

1 [Excel] を右クリック

2 [タスクバーにピン留めする] をクリック

レッスン 02 Excelの画面構成を確認しよう

各部の名称、役割 | 練習用ファイル なし

Excelの画面で、どこに何が配置されているかを確認しましょう。各パーツの名前すべてを無理に暗記する必要はありません。見慣れない名前が出てきたら、このページに戻って場所を確認してください。

Excel 2024の画面構成

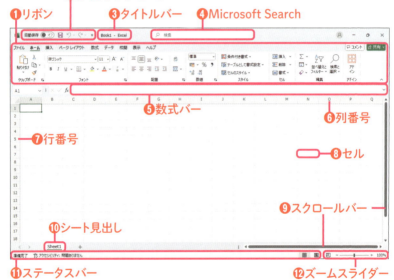

❶リボン
❷クイックアクセスツールバー
❸タイトルバー
❹Microsoft Search
❺数式バー
❻列番号
❼行番号
❽セル
❾スクロールバー
❿シート見出し
⓫ステータスバー
⓬ズームスライダー

⚠ ここに注意

リボンのボタンの並び方は画面の横解像度（画面の横方向に何ドット分表示できるか）に応じて変わります。画面の横幅が狭くなると、アイコンの横に操作名が表示されなくなったり、複数のアイコンが1つのアイコンに統合される場合があります。本書では「1280×800」の解像度で表示された画面を紙面で再現しています。

❶リボン
いわゆるメニューです。ここをクリックすることで、Excelの主要な操作を行うことができます。

❷クイックアクセスツールバー
よく使う機能を、すぐに実行できるようにボタンとして配置できる場所です。

❸タイトルバー
現在操作をしているブックの名前が表示されます。

❹Microsoft Search
メニューを操作する代わりに、行いたい操作内容を文字で入力して操作メニューを呼び出すことができます。

❺数式バー
現在操作をしているセル(アクティブセル)に入力された内容が表示されます。

❻列番号
各セルの「列」を表す番号です。Aから順番にB、C・・・Z、AA、AB・・・と英文字を使って表します。

❼行番号
各セルの「行」を表す番号です。1から順番に2、3・・・と数字を使って表します。

❽セル
1つ1つのマス目です。このマス目にデータを入力していきます。

❾スクロールバー
上下・左右に動かして、シートの表示範囲をずらすことができます。

❿シート見出し
シートの一覧が表示されます。現在操作しているシートは背景色が白色で表示されます。

⓫ステータスバー
Excelの状態が表示されます。例えば、セルへの入力時に「入力モード」が表示されたり、複数セルを選択したときに「合計」「件数」などが表示されます。

ワークシートの作業状態が表示される

ここをクリックして[ズーム]ダイアログボックスを表示しても、画面の表示サイズを任意に切り替えられる

⓬ズームスライダー
表示倍率を変えることができます。

💡 使いこなしのヒント

状況によって追加で表示されるタブがある

シート上の操作に応じて、追加で表示されるタブがあります。追加で表示されるタブには、そのとき行っている操作に関連するメニューがまとめられています。

レッスン 03 ファイルを開くには

動画で見る

ファイルを開く　　　　　練習用ファイル　L003_開く.xlsx

作成済みのブックを開くには、エクスプローラーでファイルをダブルクリックするか、Excelを起動してから[ファイルを開く]ダイアログボックスを使ってファイルを開きましょう。なお[開く]画面では、最近使ったファイル一覧も表示されます。

1 Excelからファイルを開く

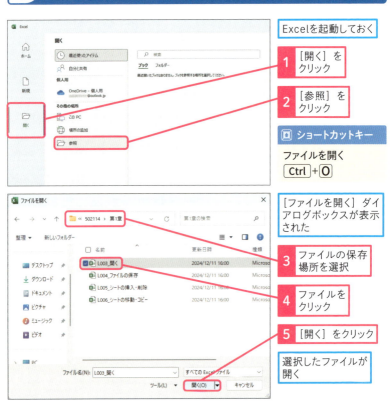

Excelを起動しておく

1. [開く]をクリック
2. [参照]をクリック

🔲 ショートカットキー

ファイルを開く
Ctrl + O

[ファイルを開く]ダイアログボックスが表示された

3. ファイルの保存場所を選択
4. ファイルをクリック
5. [開く]をクリック

選択したファイルが開く

2 アイコンからファイルを開く

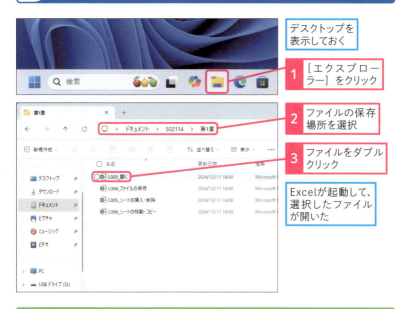

デスクトップを表示しておく

1 [エクスプローラー] をクリック

2 ファイルの保存場所を選択

3 ファイルをダブルクリック

Excelが起動して、選択したファイルが開いた

使いこなしのヒント

作業中にファイルを開くには

ファイルを開いているときに、他のファイルを開きたいときはリボンの [ファイル] タブをクリックして [開く] - [参照] をクリックすると、[ファイルを開く] ダイアログボックスが表示されます。

1 [ファイル] タブをクリック

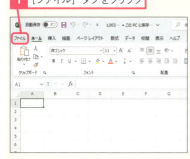

2 [開く] をクリック

3 [参照] をクリック

表示された [ファイルを開く] ダイアログボックスで、開くファイルを選択する

レッスン

04 ファイルを保存するには

ファイルの保存 　　　練習用ファイル　L004_ファイルの保存.xlsx

Excelでデータを作成したらファイルを保存しましょう。ブックごとに1つのファイルとして保存されます。名前を付けて保存をすれば、前の状態のファイルを残して、別ファイルとして保存することもできます。

1 ファイルを上書き保存する

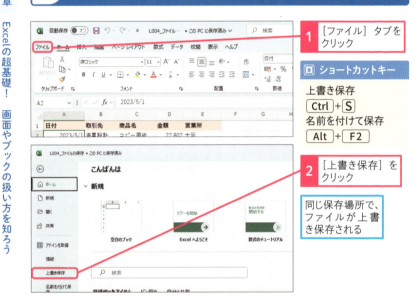

1 [ファイル] タブをクリック

ショートカットキー
上書き保存
Ctrl + S
名前を付けて保存
Alt + F2

2 [上書き保存] をクリック

同じ保存場所で、ファイルが上書き保存される

💡 使いこなしのヒント

保存せずにファイルを閉じてしまった場合は

未保存でファイルを閉じてしまった場合でも、Excelが途中経過のファイルを内部で一時的に保存して、それを復元してくれる場合があります。ファイルが復元できる場合には、次にExcelを開いたときに確認画面が表示されるので、戻したいファイルを選択してください。なお、ファイルをOneDriveに保存しているときには、自動保存をするように設定できます。この設定をすると、数秒ごとにファイルが自動的に保存されます。

2 ファイルに名前を付けて保存する

使いこなしのヒント

ファイル名に使用できない文字がある

半角の「\」「/」「:」「*」「?」"」「<」「>」「|」「[」「]」は、ファイル名として使用できません。その他の記号についても、トラブルの原因になりやすいため「-」(ハイフン)「_」(アンダーバー)以外の半角記号や、機種依存文字(丸数字の①など)は使わないことをおすすめします。

レッスン 05 シートの挿入・削除・名前を変更するには

シートの挿入・削除　　　　練習用ファイル　L005_シートの挿入・削除.xlsx

Excelでは、1つのブック内で複数のシートを作成することができます。複数の表を作成したい場合には、原則として、1つの表ごとに1つのシートを使って入力すると、わかりやすく整理ができます。

1 新しいシートを作成する

1 [新しいシート] をクリック

ショートカットキー

新しいシートを作成する
Shift + F11

[Sheet2] という名前の新しいシートが作成された

さらにシートを追加する

2 [新しいシート] をクリック

[Sheet3] という名前の新しいシートが作成された

2 シートを削除する

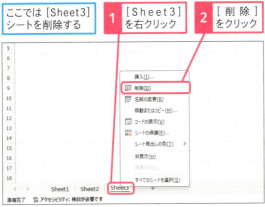

ここでは [Sheet3] シートを削除する	
1 [Sheet3] を右クリック	2 [削除] をクリック

⚠ ここに注意

シートを削除すると、元には戻せません。シート自体を戻すこともできませんし、シートに元々入力されていたデータを戻すこともできません。シートを削除しようとして警告が出た場合には、注意して操作するようにしてください。

[Sheet3] シートが削除された

3 シートの名前を変更する

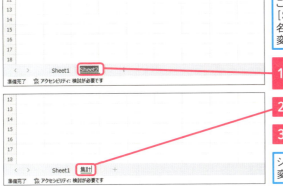

ここでは新しく作成した [Sheet2] シートの名前を、「集計」に変更する

1 [Sheet2] をダブルクリック

2 「集計」と入力

3 Enter キーを押す

シートの名前が変更される

レッスン 06 シートを移動・コピーするには

シートの移動・コピー　練習用ファイル　L006_シートの移動・コピー.xlsx

シートの並び順は、マウス操作で簡単に変更できます。概要から詳細、新しいデータから古いデータなど、一定のルールに従ってシートを並べましょう。既存のシートに似たデータを作りたいときにはシートのコピーもできます。

1 シートを移動する

ここでは[集計]シートを、末尾に移動する

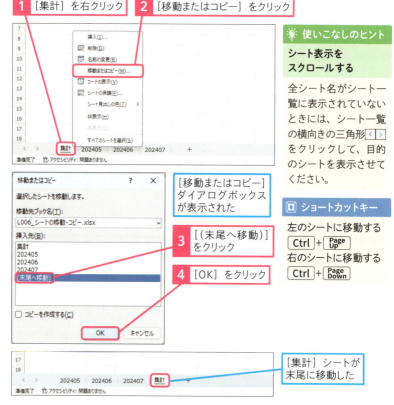

1 [集計]を右クリック
2 [移動またはコピー]をクリック

[移動またはコピー]ダイアログボックスが表示された

3 [(末尾へ移動)]をクリック
4 [OK]をクリック

[集計]シートが末尾に移動した

使いこなしのヒント

シート表示をスクロールする

全シート名がシート一覧に表示されていないときには、シート一覧の横向きの三角形 < > をクリックして、目的のシートを表示させてください。

ショートカットキー

左のシートに移動する
Ctrl + Page Up

右のシートに移動する
Ctrl + Page Down

2 シートをコピーする

ここでは [202407] シートを [集計] シートの前にコピーする

1 [202407] を右クリック

2 [移動またはコピー] をクリック

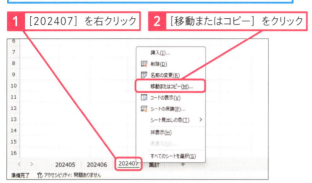

[移動またはコピー] ダイアログボックスが表示された

3 [移動先ブック名] が [L006_シートの移動・コピー.xlsx] になっていることを確認

4 [集計] をクリック

5 [コピーを作成する] をクリック

6 [OK] をクリック

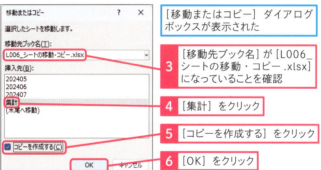

[202407] シートがコピーされ、「202407 (2)」という名前のシートが作成される

💡 使いこなしのヒント

ドラッグ操作でシートを移動・コピーする

シート名をドラッグして、シートの並び順を入れ替えることができます。また、Ctrlキーを押しながら、シート名をドラッグすると、シートをコピーできます。ただし、元のシートのすぐ左にはコピーできませんので注意してください。

スキルアップ

［Excelのオプション］を表示する

［Excelのオプション］では、ファイルを自動保存するかどうか、新規ブック作成直後にシートを何枚作るか、などExcel全体の動きに関わる設定をすることができます。

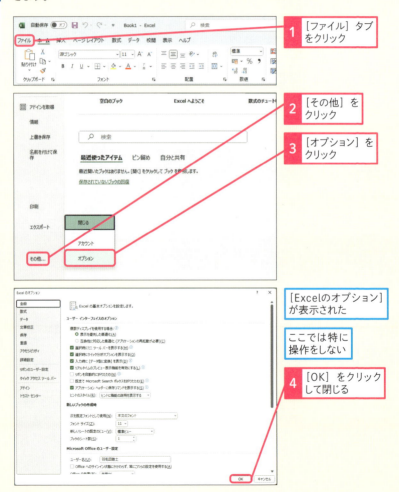

1. ［ファイル］タブをクリック
2. ［その他］をクリック
3. ［オプション］をクリック

［Excelのオプション］が表示された

ここでは特に操作をしない

4. ［OK］をクリックして閉じる

基本編

第2章

セルの操作とデータ入力の基本をマスターしよう

この章ではExcelの基本的な操作を解説します。データの入力や編集、セルの幅や高さを変更する操作など、一通りできるようにしておきましょう。

レッスン 07 セルを選択するには

セルの選択 | 練習用ファイル なし

Excelで、データを操作するときの基本はセルです。セルにデータを入力したり、その他の操作をするときには、まず操作対象のセルを選択しましょう。1つのセルを選択する方法だけでなく、行・列など複数のセルや飛び飛びのセルをまとめて選択する方法も紹介します。

1 セルやセル範囲を選択する

レッスン01を参考に空白のブックを表示しておく

1 セルB2をクリック

セルB2が選択され、アクティブセルになった

2 セルB2にマウスポインターを合わせる

3 セルD3までドラッグ

セルB2 〜 D3が選択された

用語解説

アクティブセル

アクティブセルとは処理対象となるセルのことをいいます。常に1つのセルだけがアクティブセルになります。アクティブセルは緑枠で囲まれ背景色が白色で表示されます。

使いこなしのヒント

複数のセルを選択したときはどのセルがアクティブセルなの?

複数のセルを選択したときでもアクティブセルは常に1つだけです。手順1の「セルやセル範囲を選択する」の場合、選択したセル全体(セルB2〜D3)のことを選択済みセル、最初に選択したセル(セルB2)をアクティブセルと区別して呼びます。緑枠で囲まれた選択済みセルのうちでアクティブセルは背景色が白色で表示されます。

セルB2からセルD3にドラッグした場合、セルB2がアクティブセル

2 離れた場所のセルを複数選択する

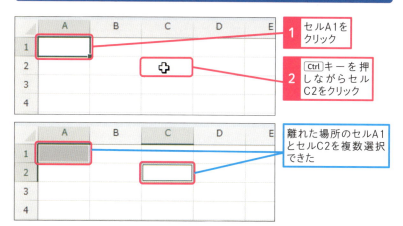

1 セルA1をクリック

2 Ctrl キーを押しながらセルC2をクリック

離れた場所のセルA1とセルC2を複数選択できた

3 行を選択する

1 行番号「2」にマウスポインターを合わせる

マウスポインターの形が変わった ➡

2 そのままクリック

● 行全体が選択された

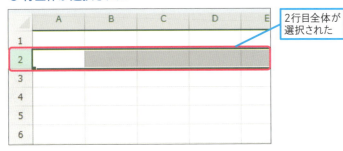

2行目全体が選択された

4 列を選択する

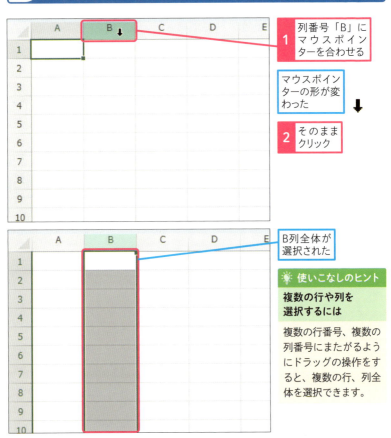

1 列番号「B」にマウスポインターを合わせる

マウスポインターの形が変わった

2 そのままクリック

B列全体が選択された

💡 使いこなしのヒント

複数の行や列を選択するには

複数の行番号、複数の列番号にまたがるようにドラッグの操作をすると、複数の行、列全体を選択できます。

5 複数の範囲を選択する

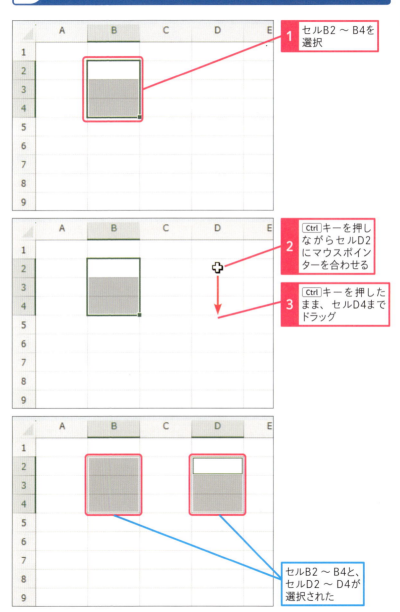

1 セルB2〜B4を選択

2 Ctrlキーを押しながらセルD2にマウスポインターを合わせる

3 Ctrlキーを押したまま、セルD4までドラッグ

セルB2〜B4と、セルD2〜D4が選択された

レッスン 08 セルにデータを入力するには

データの入力　　　**練習用ファイル** なし

セルに値を入力したり、入力済みの値を修正・削除したりする方法を紹介します。対象のセルをクリックで選択して操作をしていきましょう。セルをダブルクリックすると入力済みの文字列を一部だけ修正できます。

基本編 第2章 セルの操作とデータ入力の基本をマスターしよう

1 データを入力する

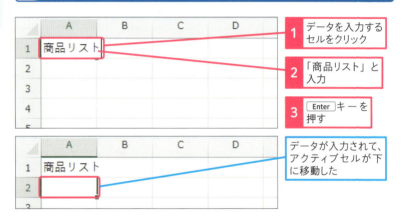

1. データを入力するセルをクリック
2. 「商品リスト」と入力
3. Enter キーを押す

データが入力されて、アクティブセルが下に移動した

使いこなしのヒント

入力したデータをすべて修正する

セルを1度クリックするとセル全体が操作対象になります。

ここでは入力された「商品リスト」を「商品管理表」に修正する

1. 修正するデータが入力されたセルをクリック

2. 「商品管理表」と入力
3. Enter キーを押す

入力したデータが修正された

修正したデータが確定する

38

2 入力したデータの一部を修正する

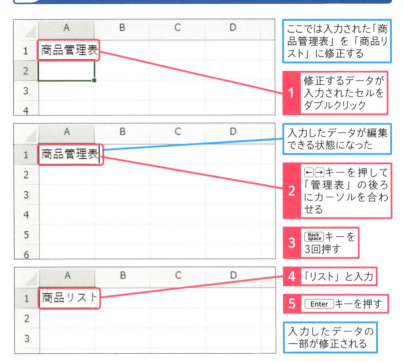

3 データを消去する

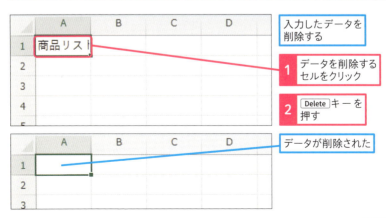

レッスン 09 様々なデータを入力するには

数値や日付の入力 　　　練習用ファイル　L009_数値や日付の入力.xlsx

数値・文字列・日付・時刻など、様々なデータを入力する方法を紹介します。0で始まる数字を入力する場合など、普通に入力すると入力内容と表示結果が変わってしまうときには、先頭に「'」を付けて入力しましょう。

1 日付を入力する

2 時刻を入力する

3 数値を入力する

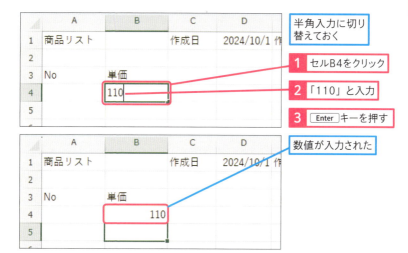

4 0で始まる数字を入力する

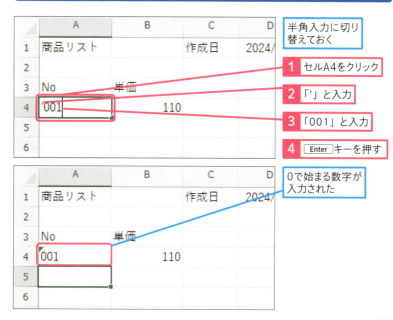

レッスン 10 操作を元に戻すには

元に戻す、やり直し　　　練習用ファイル　L010_元に戻す.xlsx

いったん行った操作を取り消して元に戻したり、元に戻す操作自体を取り消したりして再度やり直すことができます。セルへの文字入力だけでなく、ほとんどすべての操作を取り消して元に戻すことができます。

1 操作を元に戻す

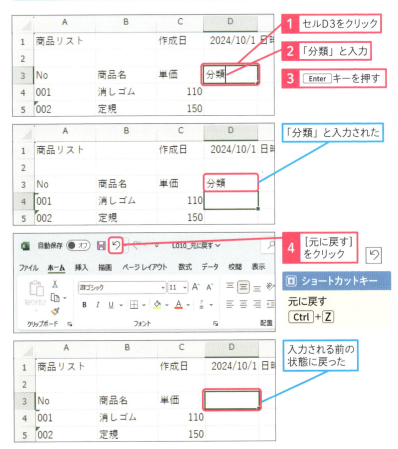

1 セルD3をクリック
2 「分類」と入力
3 Enter キーを押す

「分類」と入力された

4 [元に戻す]をクリック

ショートカットキー
元に戻す
Ctrl + Z

入力される前の状態に戻った

2 取り消した操作をやり直す

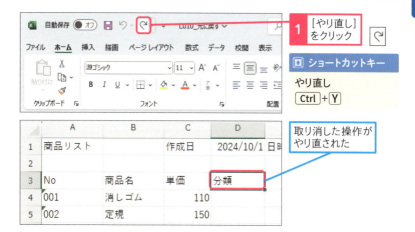

1 [やり直し] をクリック

🔲 **ショートカットキー**

やり直し
`Ctrl` + `Y`

取り消した操作がやり直された

💡 使いこなしのヒント

元に戻せない操作もある

シートを削除した後や、マクロを実行した後など、特定の操作をすると [元に戻す] の機能が使えなくなる場合があります。また、ブックを閉じた後や、再度開きなおしたときにも元に戻すことはできません。

💡 使いこなしのヒント

履歴から操作を元に戻すには

[元に戻す] の右側の▼をクリックすると操作履歴が表示されます。戻したい操作にマウスポインターを合わせてクリックすると、直前の操作から選択した操作までを一気に取り消すことができます。

1 [元に戻す] のここをクリック

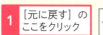

2 戻したい操作までマウスポインターを合わせてクリック

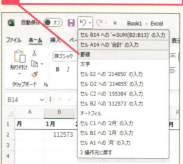

10 元に戻す、やり直し

できる 43

レッスン 11 セルの幅や高さを変更するには

セルの幅や高さの変更　　**練習用ファイル** L011_セルの幅と高さ.xlsx

セルの幅、高さは列・行ごとに変更できます。セルにたくさんの文字を入力したいときや行間を空けたいときには、セルの幅・高さを調整しましょう。マウスで操作するだけでなく幅・高さを数値で指定することもできます。

1 セルの幅を変更する

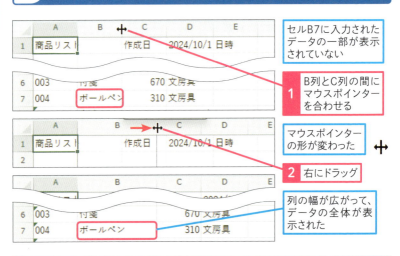

2 セルの高さを変更する

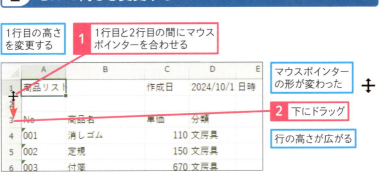

3 複数のセルの幅や高さを変更する

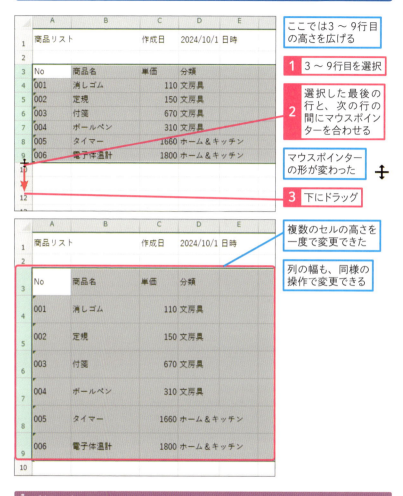

時短ワザ

ダブルクリックで変更できる

手順1の操作1で、マウスポインターの形が変わった際にダブルクリックすると、入力されたデータの長さに応じて、自動的に列の幅が変更されます。列に複数のデータが入力されている場合は、その列で最も長いデータに合わせて列の幅が変更されます。

レッスン 12 行・列の挿入や削除をするには

データの挿入、削除 練習用ファイル L012_データの挿入、削除.xlsx

表を作成している途中で、行や列を挿入・削除や移動させたくなったときには、行番号や列番号の上でクリックをして行や列を選択後、リボンから操作をしましょう。複数の行や列を選択すれば、複数の行・列も一気に処理できます。

1 行や列を挿入する

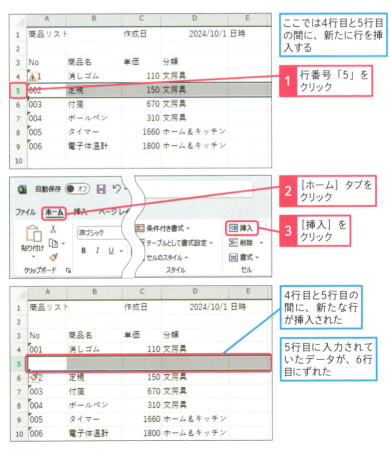

ここでは4行目と5行目の間に、新たに行を挿入する

1 行番号「5」をクリック

2 [ホーム] タブをクリック

3 [挿入] をクリック

4行目と5行目の間に、新たな行が挿入された

5行目に入力されていたデータが、6行目にずれた

2 行や列を削除する

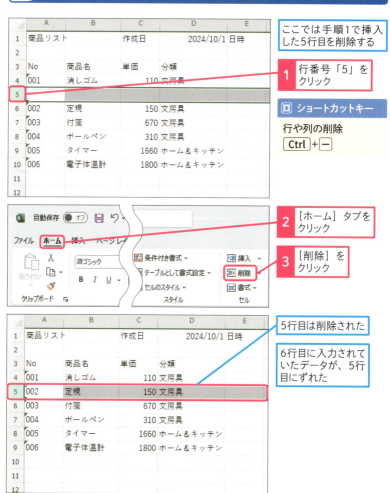

ここでは手順1で挿入した5行目を削除する

1 行番号「5」をクリック

□ ショートカットキー

行や列の削除
[Ctrl]+[−]

2 [ホーム] タブをクリック

3 [削除] をクリック

5行目は削除された

6行目に入力されていたデータが、5行目にずれた

※ 使いこなしのヒント

列を削除・挿入するには

削除したい列の列番号を選択して挿入または削除の操作をすると、選択した列を挿入または削除できます。例えば、列番号「D」をクリックしてリボンの [セルの挿入] をクリックすると、D列の左側（C列とD列の間）に列を挿入できます。

3 複数の行や列を挿入する

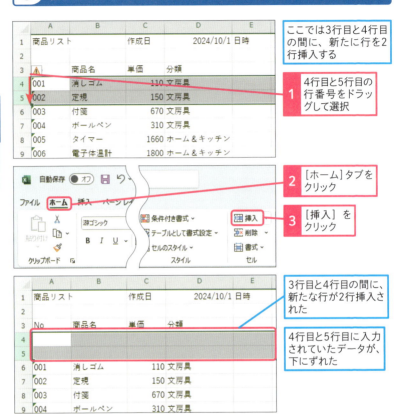

使いこなしのヒント

複数の行や列を削除する

複数の行や列を選択して、[削除]をクリックすると複数の行・列を削除できます。ただし、表の一部だけがずれるなどして、データの整合性が崩れる場合があります。できるだけ使わず、レッスン08の手順3で紹介したデータの消去を使えないかを考えましょう。

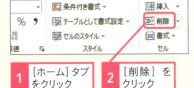

4 コピーした行や列を挿入する

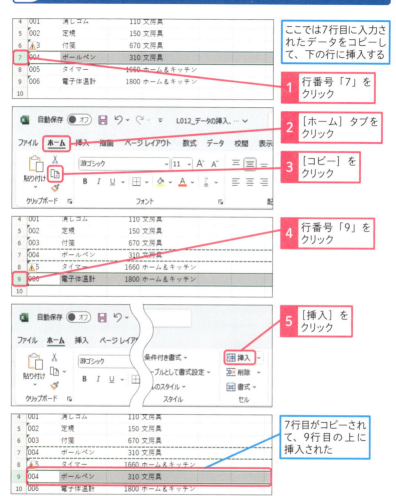

使いこなしのヒント

コピーした状態を解除するには

Excelのセルや行、列をコピーすると、コピーした箇所が点線で囲まれます。この状態を解除するには、[Esc]キーを押しましょう。なお、任意のセルに文字を入力しても、コピーの状態は解除されます。

スキルアップ

行や列を非表示にするには

セルに入っている情報によっては、常に表示しておかなくてもよいものがあります。そういった情報は、行や列を一時的に非表示にして隠しておき、必要に応じて再表示しましょう。行や列を選択後、右クリックメニューから [非表示] をクリックしても、本文と同じように行や列を非表示にできます。再表示については、非表示の行や列だけでなく前後の行や列も選択したうえで、右クリックメニューから [再表示] をクリックしてください。

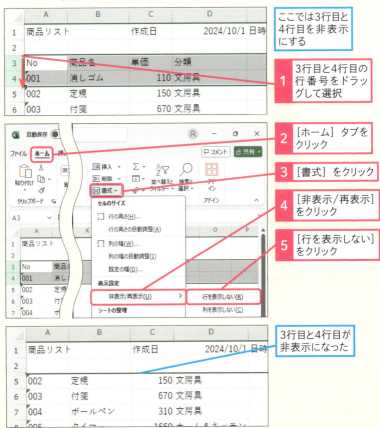

ここでは3行目と4行目を非表示にする

1 3行目と4行目の行番号をドラッグして選択

2 [ホーム] タブをクリック

3 [書式] をクリック

4 [非表示/再表示] をクリック

5 [行を表示しない] をクリック

3行目と4行目が非表示になった

基本編

第 3 章

表やデータの見た目を見やすく整えよう

この章では、セルの中での文字の配置場所を変える、文字の大きさ・色やセルの背景色を変える、罫線を引くなどの方法で、表の見栄えを整える方法を紹介します。

レッスン 13 セルの値について理解しよう

セルの3層構造　　　練習用ファイル　L013_セルの3層構造.xlsx

Excelでセルに値を入力すると、本来の値に、表示形式を適用して、セルにどう表示されるかが決まります。本来の値とセルの表示が全然違う場合があることに注意しましょう。また、さらに、本来の値も、数値・文字列などいくつかのデータの種類があります。

セルの3層構造とは?

それぞれのセルでは、本来の値、表示形式、画面に表示される値の3層のデータを持っています。

● セルの3層構造

層	区分	内容
①	本来の値	そのセルに入力されている「実際の値」
②	表示形式	日付形式や桁区切りスタイルなど、書式の情報を記録
③	画面表示	値に書式を適用した結果を表示

セルに値を表示するときには、「①本来の値」を「②表示形式」のフィルターを通して「③画面表示」が決まります。実際の例を見てみましょう。

● 入力されたデータの3層構造

層	区分	セルA1	セルB1	セルC1
①	本来の値	山田	1234	45545
②	表示形式	標準形式	桁区切りスタイル	日付形式 (YYYY/MM/DD形式)
③	画面表示	山田	1,234	2024/9/10

「山田」に標準形式を適用した結果「山田」と本来の値が表示されている

「1234」に桁区切りスタイルを適用した結果「1,234」と表示されている

「45545」に日付形式を設定した結果「2024/9/10」と表示されている

	A	B	C
1	山田	1,234	2024/9/10
2			

● 入力されたデータの3層構造

書式設定で表示形式を［標準］にすると本来の値が表示されます。

	A	B	C
1	山田	1234	45545
2			

セルA1～C1の表示形式を［標準］に設定したので、本来の値が表示されている

「①本来の値」は、数値と文字列の2種類がある

「①本来の値」に入力される値は何種類かに分類されます。その中で、特に重要なのが数値と文字列です。

● 「①本来の値」に入力される値の種類

区分	内容	例
数値	足し算など数値計算に使うための値	「123」「-12345」
文字列	数値計算に使わない文字として扱う値	「ABC」「山田」

数字だけが並ぶデータに注意

数値か文字列は見た目だけでは区別が付かない場合があります。例えば「123」など数字だけが並ぶデータは、数値の場合も文字列の場合もありえます。数字だけが並ぶデータが文字列か数値かはエラーインジケーターで判断しましょう。文字列扱いされているときには、左上に緑三角マークが出ます。

セルA1の「123」は数値で、右詰めで表示される

セルB1の「123」は文字列で、左詰めで表示され、左上にエラーインジケーターが付く

データが数値か文字列かによって、数式の処理結果が大きく変わる場合があるので注意しましょう。

レッスン
14 数字や日付の表示を変更するには

表示形式 練習用ファイル L014_表示形式.xlsx

数値・日付・時刻は、表示形式を使うと、セルに入力したデータを変えずに見た目だけを変えることができます。例えば、数値を桁区切りスタイルやパーセント単位で表示したり、日付の年を省略して月日だけを表示できます。

1 桁区切りを付けて表示する

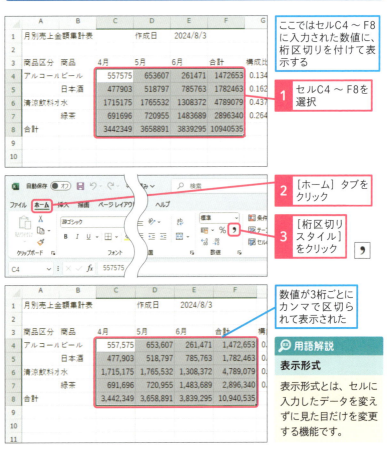

2 パーセントで表示する

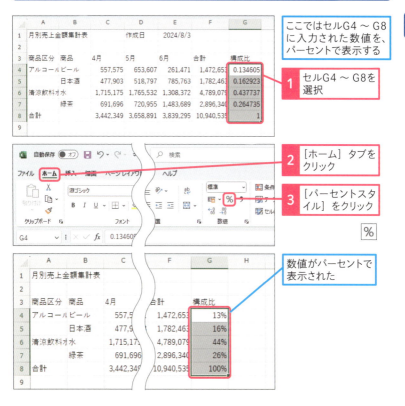

使いこなしのヒント

ダブルクリックで元の値が表示される

表示形式を設定すると表示されるときの見た目は変わりますが、セルに入力された元の値は変わりません。実際、セルをクリックで選択すると数式バーには元の値が表示されます。同様に、セルをダブルクリックするとセル内に元の値が表示されます。例えば、セルC4をダブルクリックするとセル内には「557575」と桁区切りが付かない形で表示されます。

3 日付の表示を「何年何月何日」で表示する

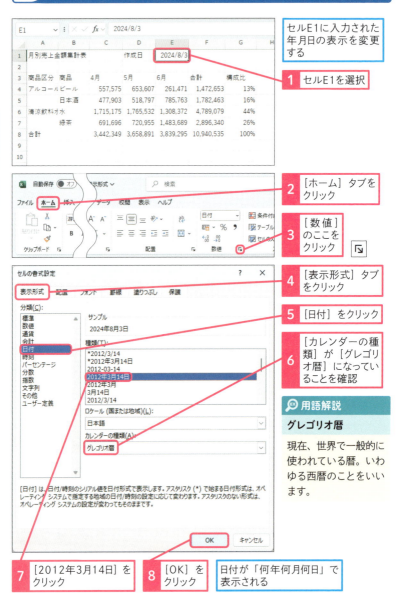

4 日付の年を元号で表示する

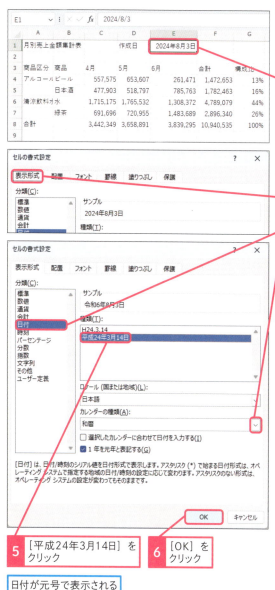

セルE1に入力された年月日の表示を変更する

1 セルE1を選択

手順3を参考に[セルの書式設定]ダイアログボックスを表示する

2 [表示形式]タブをクリック

3 [日付]をクリック

4 [カレンダーの種類]のここをクリックして[和暦]を選択

5 [平成24年3月14日]をクリック

6 [OK]をクリック

日付が元号で表示される

使いこなしのヒント

自分でオリジナルの表示形式を設定するには

「年/月」形式など、日付の種類欄に存在しない形式で日付を表示させたいときには、ユーザー定義書式の機能を使いましょう。[セルの書式設定]ダイアログボックスで、「表示形式」タブの分類の中から[ユーザー定義]をクリックし、[種類]欄に「yyyy/m」と入力しましょう。

レッスン 15 セルを結合するには

セルの結合 練習用ファイル L015_セルの結合.xlsx

セル結合の機能を使うと、複数のセルにまたがって値を配置できます。表の見出しを複数のセルにまたがって表示したいときなど、帳票や報告書などを作るときに、ある程度自由にレイアウトを組みたいときに使いましょう。

1 セルを結合する

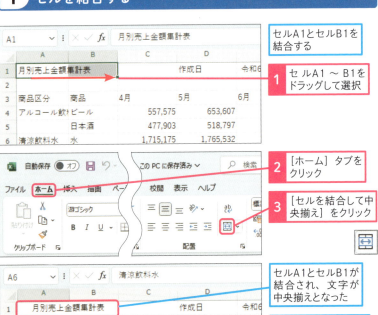

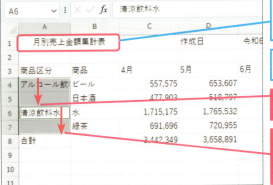

● セルを結合する

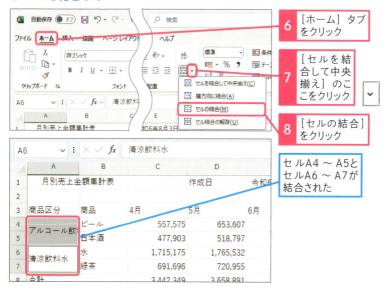

使いこなしのヒント

セルの結合を解除するには

結合されているセルを選択した状態で、メニューから [ホーム] - [セルを結合して中央揃え] をクリックすると、セルの結合を解除できます。これにより、セルごとに個別のデータを入力したり、書式設定を適用したりできます。

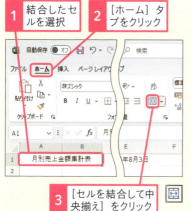
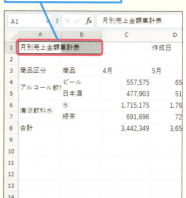

レッスン 16 文字の位置を調整するには

文字の位置　　　　練習用ファイル　L016_文字の位置.xlsx

セル内の文字を上下、左右どこに揃えて表示するかを変えたいときには、セル内の文字の配置の設定を変えましょう。また、データが1行に収まらない場合には、セル内で折り返して表示したり、縮小して表示したりすることもできます。

1 文字の表示位置を変更する

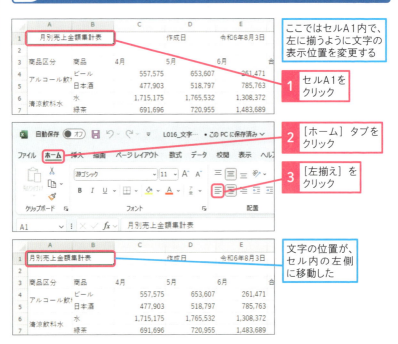

使いこなしのヒント

左右揃えの設定の初期状態

左右揃えの設定の初期状態は［標準］です。この状態では、セルに数値や日付などを入力したときには［右揃え］、文字列を入力したときには［左揃え］で表示されます。

2 文字を折り返して表示する

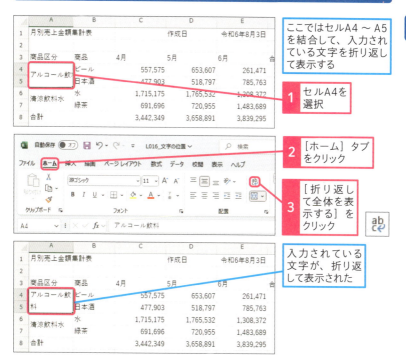

使いこなしのヒント

上下左右に文字を配置できる

[配置]のアイコンを押すと、セルに入力した文字を上下・左右のどの位置に揃えて表示するかを指定できます。なお、設定済みの[左揃え][中央揃え][右揃え]のアイコンをもう一度クリックすると、左右揃えの設定は[標準]に戻ります。

アイコン	名称	結果
≡	上揃え	Excel
≡	上下中央揃え	Excel
≡	下揃え	Excel

アイコン	名称	結果
≡	左揃え	Excel
≡	中央揃え	Excel
≡	右揃え	Excel

3 セル内で改行する

ここでは結合されたセルA4～A5に入力された「アルコール飲料」という文字を、「アルコール」と「飲料」に分けて、セル内で改行する

1 セルA4をダブルクリック

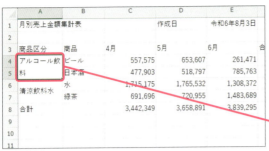

文字が編集できる状態になった

2 「アルコール」と「飲料」の間にカーソルを合わせる

3 Alt キーを押しながら Enter キーを押す

「アルコール」と「飲料」の間で改行された

4 Enter キーを押す

「アルコール」と「飲料」に分けて、セル内で改行された

🔲 ショートカットキー

編集/入力モードの切り替え
F2

4 文字を縮小して表示する

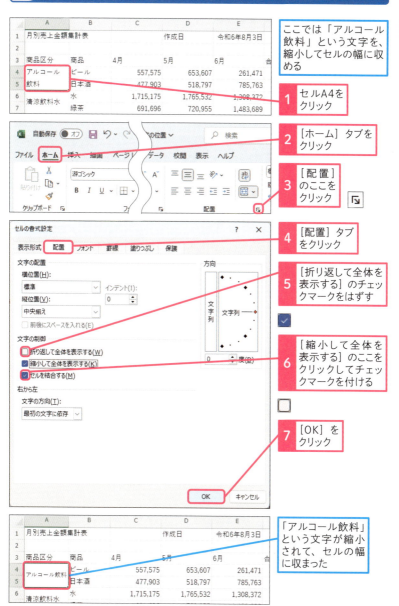

レッスン 17 文字やセルの色を変更するには

フォントや色の変更 練習用ファイル L017_フォントや色の変更.xlsx

重要な部分を強調するために、下線を引いたり、文字の色、セルの背景色やフォントの種類・大きさを変えたりして表を見やすく整えましょう。セル内の一部の文字にだけ下線を引くなどの装飾をすることもできます。

1 文字の大きさを変更する

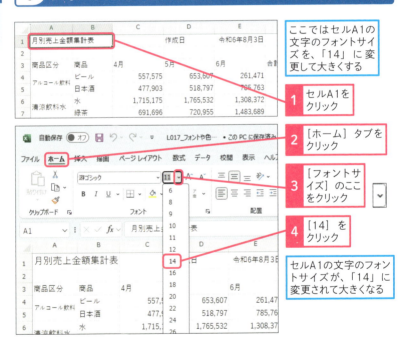

ここではセルA1の文字のフォントサイズを、「14」に変更して大きくする

1. セルA1をクリック
2. [ホーム] タブをクリック
3. [フォントサイズ] のここをクリック
4. [14] をクリック

セルA1の文字のフォントサイズが、「14」に変更されて大きくなる

用語解説

フォント

パソコンで使う文字の書体のことをフォントといいます。標準のフォントは游ゴシックです。フォント名に「UD」と付いているフォントは、ユニバーサルデザインに準拠したフォントで、誰にでも読みやすい形になっています。

2 文字を太字にする

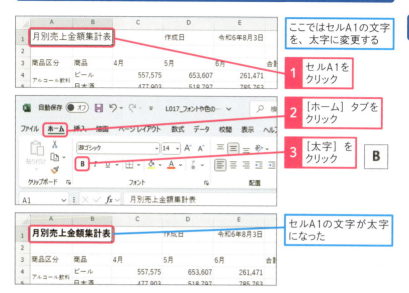

ここではセルA1の文字を、太字に変更する

1 セルA1をクリック
2 [ホーム] タブをクリック
3 [太字] をクリック

セルA1の文字が太字になった

3 文字の種類を変更する

ここではセルA1の文字のフォントを、「BIZ UDPゴシック」に変更する

1 セルA1をクリック

使いこなしのヒント

下線を引いたり、斜体にしたりするには

リボンの「ホーム」タブの中の U をクリックすると下線を引けます。また、I をクリックすると文字をイタリック（斜体）にできます。

● 下線

月別売上金額集計表

● イタリック

月別売上金額集計表

● 文字の種類を指定する

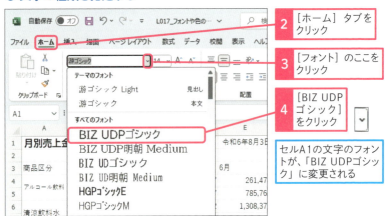

4 セルの色を変える

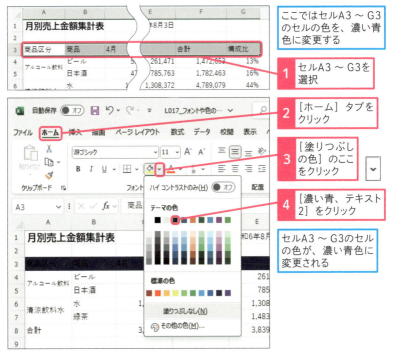

5 文字の色を変える

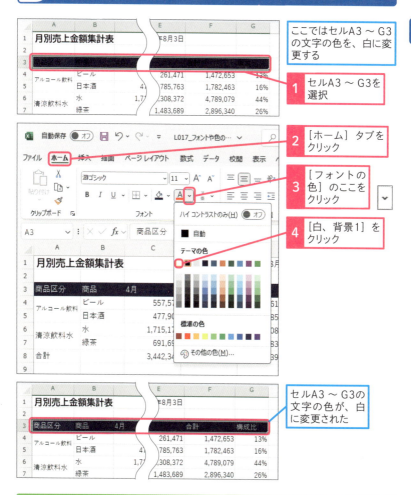

使いこなしのヒント

一部の文字だけ装飾するには

セル全体ではなく、一部の文字だけ、色やフォントを変更したり下線を引いたりすることもできます。セルをダブルクリック後、一部の文字だけ選択をした状態で、このレッスンのように文字の色を変える操作をしましょう。これで、選択した文字だけ色が変わります。

レッスン

18 罫線を引くには

動画で見る

罫線 練習用ファイル　L018_罫線.xlsx

表が完成したら、セルの境目に罫線を引いて表を見やすく整えましょう。元々画面に表示されているセルの境目の薄い線は印刷時には出力されないので、印刷時に罫線を出力したいときには、罫線を引く必要があります。

1 複数のセルに罫線を引く

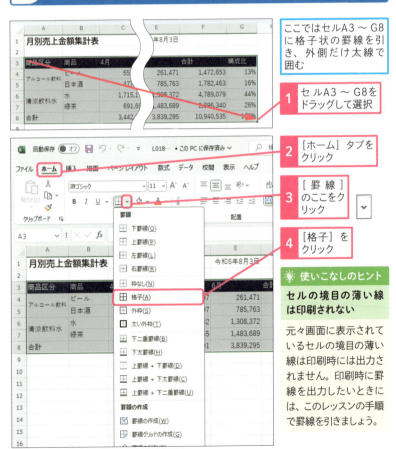

ここではセルA3～G8に格子状の罫線を引き、外側だけ太線で囲む

1. セルA3～G8をドラッグして選択
2. [ホーム]タブをクリック
3. [罫線]のここをクリック
4. [格子]をクリック

使いこなしのヒント

セルの境目の薄い線は印刷されない

元々画面に表示されているセルの境目の薄い線は印刷時には出力されません。印刷時に罫線を出力したいときには、このレッスンの手順で罫線を引きましょう。

● 選択したセル範囲に外枠を引く

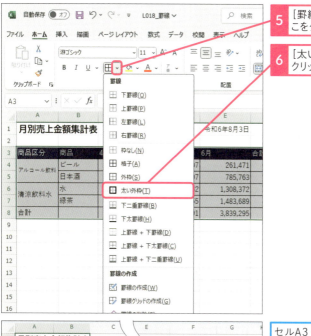

5 [罫線]のここをクリック
6 [太い外枠]をクリック

セルA3〜G8に格子状の罫線が引かれ、外側だけ太線で囲まれた

2 セルの下に罫線を引く

ここではセルA7〜G7の下に二重罫線を引く

1 セルA7〜G7をドラッグして選択

● 罫線を選択する

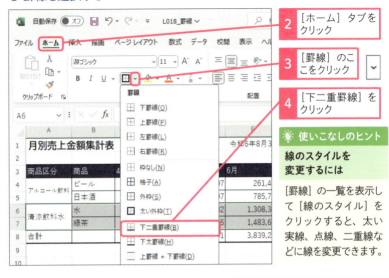

1. [ホーム]タブをクリック
2. [罫線]のここをクリック
3. [下二重罫線]をクリック

💡 使いこなしのヒント

線のスタイルを変更するには

[罫線]の一覧を表示して[線のスタイル]をクリックすると、太い実線、点線、二重線などに線を変更できます。

💡 使いこなしのヒント

表の内側の罫線だけ消すには

選択したセルの一部の罫線だけを消したいときには「セルの書式設定」の「罫線」タブを使いましょう。例えば、セルA3～G8に格子状に罫線が引かれているときにセルA8～B8を選択して「セルの書式設定」の「罫線」タブで「内部の縦線」を表すアイコンをクリックすると、合計欄(8行目)の縦の罫線だけを消すことができます。

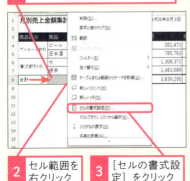
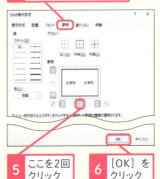

1. セルA8～B8をドラッグして選択
2. セル範囲を右クリック
3. [セルの書式設定]をクリック
4. [罫線]タブをクリック
5. ここを2回クリック
6. [OK]をクリック

● セルに罫線が引かれた

	A	B	C	D	E
1	月別売上金額集計表		作成日		令和6年8月3日
2					
3	商品区分	商品	4月	5月	6月
4	アルコール飲料	ビール	557,575	653,607	261,471
5		日本酒	477,903	518,797	785,763
6	清涼飲料水	水	1,715,175	1,765,532	1,308,372
7		緑茶	691,696	720,955	1,483,689
8	合計		3,442,349	3,658,891	3,839,295
9					

> セルA7～G7の下に二重罫線が引かれた

🔆 使いこなしのヒント

斜めの罫線を引くには

[セルの書式設定]の[罫線]タブで、斜めの罫線を表すアイコンをクリックすると斜めの罫線が引けます。なお、セルの結合をしたうえで斜めの罫線を引くと、複数のセルにまたがって斜線を引くことができます。

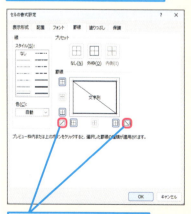

左のページの使いこなしのヒントを参考に、[セルの書式設定]ダイアログボックスを表示しておく

これらをクリックすると、斜めの罫線を引くことができる

斜めの罫線が引ける

スキルアップ

セルの書式をコピーする

書式貼り付けの機能を使うと、セルの値や数式はそのままの状態で、文字やセルの色、罫線などの書式だけを貼り付けることができます。すでに書式設定済の書式と、まったく同じ書式を他のセルに設定するときに便利です。

ここではセルB4の書式をコピーして、セルB5に貼り付ける

基本編

第4章

データ入力と表の操作を効率化しよう

この章では表を効率よく作成する方法、意図しないデータの入力を防ぐ方法、できあがった表から目的のデータを効率よく探す方法など、表を作成するときに作業効率を上げる方法を紹介します。

レッスン 19 連続したデータを入力するには

オートフィル　　　練習用ファイル　手順見出し参照

複数のセルに同じデータを入力したいときや連番を入力したいときには、セルの右下にマウスを合わせてドラッグしましょう。この機能をオートフィルと呼びます。毎月末の日付や、1年ごとの日付を入力したいときも同じ方法で入力できます。

基本編　第4章　データ入力と表の操作を効率化しよう

1 数字の連番を作成する

L019_連続データ_01.xlsxを使用

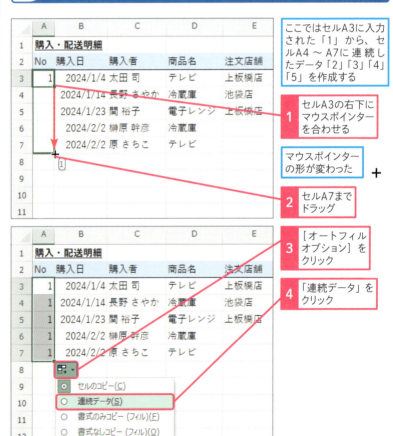

ここではセルA3に入力された「1」から、セルA4〜A7に連続したデータ「2」「3」「4」「5」を作成する

1. セルA3の右下にマウスポインターを合わせる

マウスポインターの形が変わった ＋

2. セルA7までドラッグ

3. [オートフィルオプション] をクリック

4. 「連続データ」をクリック

● 連番が入力された

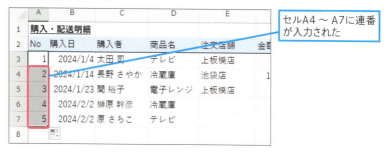

2 月末日付を入力する

L019_連続データ_02.xlsxを使用

ここではセルB2に入力された「2024/1/31」から、セルC2～E2に月末の日付を入力する

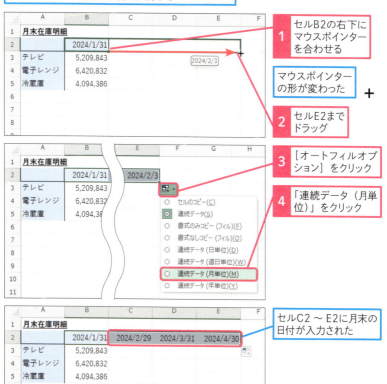

レッスン 20 データのコピーや移動をするには

動画で見る

データのコピー、移動　　　練習用ファイル　L020_コピー.xlsx

セルに入力したデータは他のセルにコピーしたり移動したりすることができます。ここでは、[コピー] と [貼り付け] の2つの操作でセルの値をコピーする方法と、[切り取り] と [貼り付け] の2つの操作で、セルの値を移動する方法を紹介します。

1 セルの内容をコピーして貼り付ける

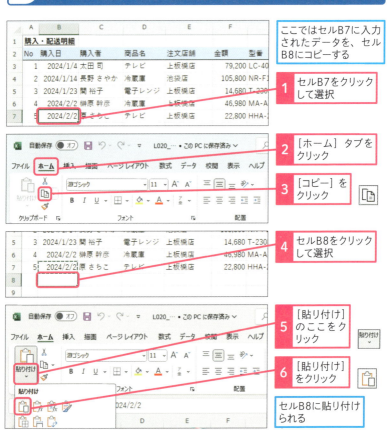

ここではセルB7に入力されたデータを、セルB8にコピーする

1. セルB7をクリックして選択
2. [ホーム] タブをクリック
3. [コピー] をクリック
4. セルB8をクリックして選択
5. [貼り付け] のここをクリック
6. [貼り付け] をクリック

セルB8に貼り付けられる

76　できる

2 行や列全体をコピーして貼り付ける

3 セルの内容を切り取って貼り付ける

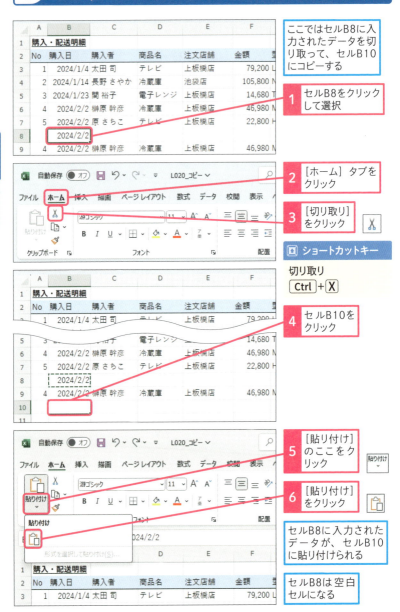

使いこなしのヒント

［貼り付けのオプション］を使いこなそう

通常の［貼り付け］を使うと、セルのすべての情報がそのまま貼り付けられます。セルの一部の情報だけを貼り付けたいときや、特殊な方法で貼り付けをしたいときには、［貼り付けのオプション］を使いましょう。

アイコン	種類	説明
	貼り付け	通常の貼り付け。入力された数式や書式など、セルのすべての情報が貼り付けられる
	数式	セルの数式だけを貼り付ける。セルに値が入力されている場合は、その値が貼り付けられる。なお、セルに書式が設定されていても、書式は貼り付けられない
	値	セルの値だけを貼り付ける。セルに数式が入力されている場合には、その計算結果が貼り付けられる。なお、セルに書式が設定されていても、書式は貼り付けられない
	書式設定	セルの書式だけを貼り付ける。セルに入力されている値や数式は貼り付けられない
	元の列幅を保持	貼り付け先のセルの列幅を、コピーしたセルの列幅に合わせる。列幅以外の書式、値や数式は貼り付けられない
	行/列の入れ替え	コピーしたセル範囲の縦・横を入れ替えて貼り付ける。入力された数式や書式など、セルのすべての情報が貼り付けられる
	図	コピーしたセルを、図として貼り付ける。貼り付けた結果が図になるので、セルの境界とは無関係に自由な場所に配置することができる
	リンクされた図	コピーしたセルを、元のセルとの紐付きを保ちながら図として貼り付ける。貼り付けた結果は、セルの境界とは無関係に自由な場所に配置できる。さらに、元のセルの値を修正すると、貼り付け先の図も連動して変わる

使いこなしのヒント

［貼り付け］ボタンをクリックしてもOK！

リボンの［貼り付け］のアイコン部分をクリックすると、［貼り付けのオプション］を開かずに通常の貼り付けができます。

ここをクリックすると、通常の貼り付けができる

レッスン
21 入力できるデータを制限するには

動画で見る

データの入力規則　　　　練習用ファイル　L021_入力するデータを制限.xlsx

入力間違いを防ぐために、セルを選択したときにプルダウンメニューで入力候補を表示したり、入力した値に対して簡易的なチェックをかけることができます。ただし、チェック機能については完璧ではありませんので頼りすぎないように気を付けましょう。

1 入力できるデータを選択できるようにする

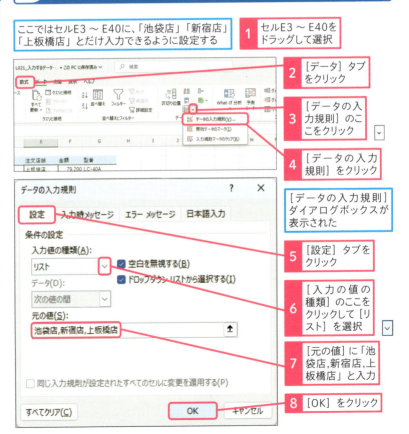

● プルダウンメニューから選択してデータを入力する

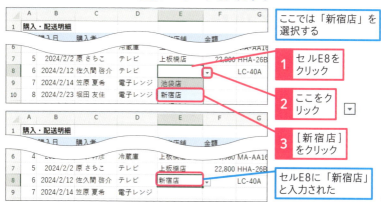

2 入力できる値を制限する

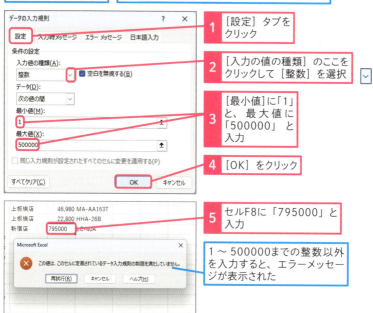

レッスン 22 目的のデータを検索するには

検索　　練習用ファイル L022_検索.xlsx

データ量が増えて目視でデータを探すのが大変なときは検索機能を使いましょう。指定したデータが入力されているセルを簡単に探すことができる他、該当する箇所を一覧で表示することもできます。特定の列や範囲だけを対象にした検索もできます。

1 シート全体を検索する

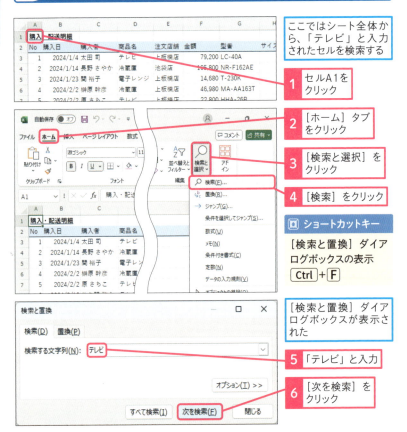

● 検索を続ける

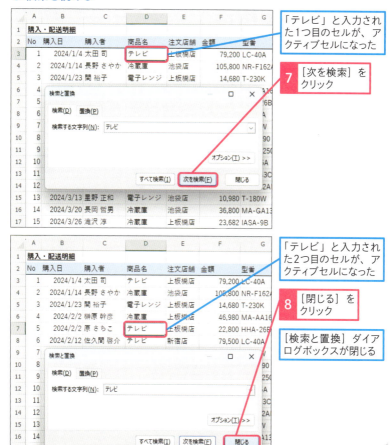

使いこなしのヒント

シート全体を検索するときはセルの選択範囲に注意する

選択しているセルが1つか複数かで、検索時の挙動が変わるので注意しましょう。本文のように1つのセルだけを選択した状態で検索をすると、シート全体あるいはブック全体から入力した値を検索できます。一方で、複数のセルを選択した状態で検索をすると、選択したセルの中だけから指定した値を検索できます。

レッスン 23 検索したデータを置換するには

置換 練習用ファイル L023_置換.xlsx

[検索と置換] の機能を使うと、セルに入力されたデータのうち、指定したデータを別のデータに置き換えることができます。複数のセルに入力された内容を一気に修正したいときは、置換の機能を使うと漏れなく修正できます。

1 データを1つずつ置換する

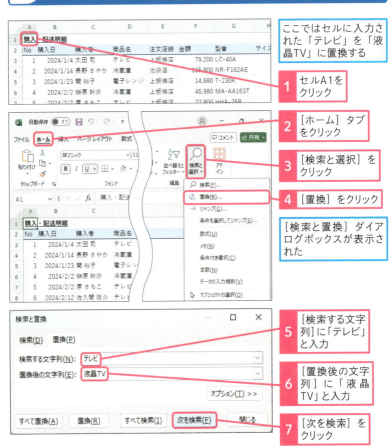

● データを置換する

「テレビ」と入力された1つ目のセルが、アクティブセルになった

8 [置換]をクリック

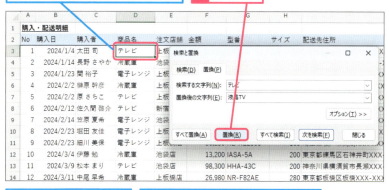

「テレビ」が「液晶TV」に置換された

「テレビ」と入力された2つ目のセルが、アクティブセルになった

[置換]をクリックすると、2つ目のセルも「液晶TV」に置換できる

[閉じる]をクリックすると、[検索と置換]ダイアログボックスが閉じる

使いこなしのヒント

一度にデータを置換するには

[検索と置換]ダイアログボックスの[すべて置換]をクリックすると、[検索する文字列]に入力した文字を、[置換後の文字列]に入力した文字にすべて置き換えられます。また、あらかじめ複数のセルを選択した状態で置換を実行すると、選択したセル範囲内のみ、文字列を置き換えられます。[すべて置換]の処理をするときは、必要なセルだけ置換されるようにするとよいでしょう。

レッスン 24 フィルターを使って条件に合う行を抽出するには

フィルター　　　　　　　　　　　練習用ファイル　L024_フィルター.xlsx

表の中から目的のデータが入力された行だけを抽出して表示するには[フィルター]の機能を使いましょう。複数のデータを指定したり、「～で始まる」「～から～まで」など複雑な条件を指定したりすることができます。

1 フィルターボタンを表示する

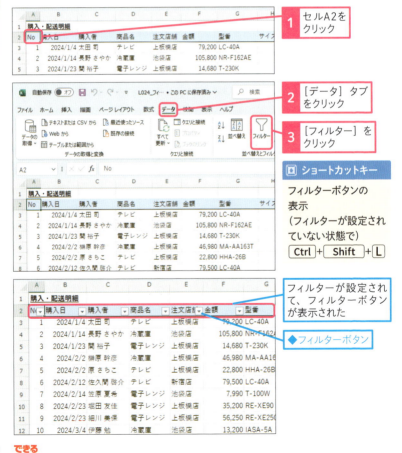

2 特定の条件を満たす行を抽出する

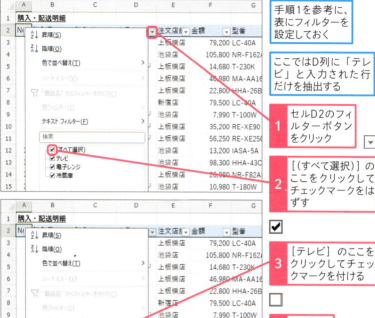

手順1を参考に、表にフィルターを設定しておく

ここではD列に「テレビ」と入力された行だけを抽出する

1. セルD2のフィルターボタンをクリック

2. [(すべて選択)]のここをクリックしてチェックマークをはずす

3. [テレビ]のここをクリックしてチェックマークを付ける

4. [OK]をクリック

使いこなしのヒント

フィルターボタンの形で抽出されているかどうかがわかる

フィルターで条件を指定している場合、フィルターボタンが の形に変わります。

「テレビ」と入力された行だけが抽出された

3 抽出条件を解除するには

1 フィルターボタンをクリック

2 ["(項目名)"からフィルターをクリア]をクリック

💡 使いこなしのヒント

すべての列の抽出条件を一気に解除する

フィルターで条件を指定している場合に、[データ]タブをクリックして[並べ替えとフィルター]の[クリア]をクリックすると、すべての列のフィルターで設定した抽出条件を一気に解除できます。

抽出が解除された

	A	B	C	D	E	F	G
1	購入・配送明細						
2	No	購入日	購入者	商品名	注文店舗	金額	型番
3	1	2024/1/4	太田 司	テレビ	上板橋店	79,200	LC-40A
4	2	2024/1/14	長野 さやか	冷蔵庫	池袋店	105,800	NR-F162A
5	3	2024/1/23	関 裕子	電子レンジ	上板橋店	14,680	T-230K
6	4	2024/2/2	榊原 幹彦	冷蔵庫	上板橋店	46,980	MA-AA16
7	5	2024/2/2	原 さちこ	テレビ	上板橋店	22,800	HHA-26B
8	6	2024/2/12	佐久間 啓介	テレビ	新宿店	79,500	LC-40A
9	7	2024/2/14	笠原 夏希	電子レンジ	池袋店	7,990	T-100W
10	8	2024/2/23	堀田 友佳	電子レンジ	上板橋店	35,200	RE-XE90
11	9	2024/2/23	細川 美保	電子レンジ	上板橋店	56,250	RE-XE250
12	10	2024/3/4	伊藤 勉	冷蔵庫	池袋店	13,200	IASA-5A
13	11	2024/3/9	松本 まり	テレビ	池袋店	98,300	HHA-43C
14	12	2024/3/11	中尾 早希	冷蔵庫	上板橋店	26,980	NR-F82A

4 複雑な条件で行を抽出する

手順1を参考にフィルターを設定しておく

ここでは、2024年3月1日から2024年3月31日までの日付のデータだけを抽出する

1 セルB2のフィルターボタンをクリック

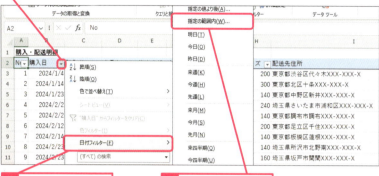

2 [日付フィルター]をクリック

3 [指定の範囲内]をクリック

4 [購入日]の[以降]の右側に「2024/3/1」と入力

5 [購入日]の[以前]の右側に「2024/3/31」と入力

6 [OK]をクリック

2024年3月1日から2024年3月31日までの日付のデータだけが抽出された

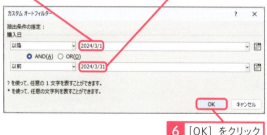

5 複数の条件で行を抽出する

手順3を参考に、すべての列のフィルターを解除しておく

ここでは商品名が「冷蔵庫」で、金額が50000円以上の取引だけを抽出する

1 セルD2のフィルターボタンをクリック

2 [(すべて選択)] をクリックしてチェックマークをはずす

3 [冷蔵庫] をクリック

4 [OK] をクリック

5 セルF2のフィルターボタンをクリック

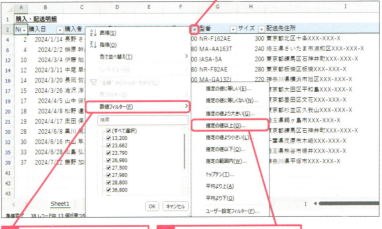

6 [数値フィルター] をクリック

7 [指定の値以上] をクリック

● 2つ目の条件を設定する

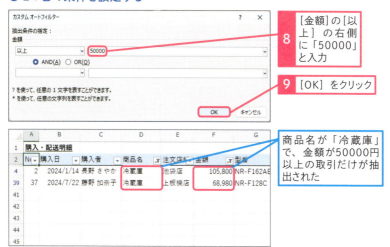

6 フィルターを解除する

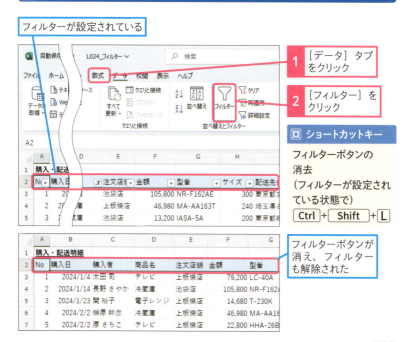

レッスン 25 データの順番を並べ替えるには

並べ替え　　練習用ファイル　L025_並べ替え.xlsx

動画で見る

作成したデータを見やすいように順番を並べ替えることができます。並べ替えの機能は一見便利ですが、安易に並べ替えを行うとデータが壊れたり、元の状態に戻すのが大変だったりする場合もあるため、使うときには注意が必要です。

1 データを並べ替える

2 複数の条件でデータを並べ替える

ここでは商品名で並べて、さらに購入日順に並べる

1 セルA2～K40をドラッグして選択

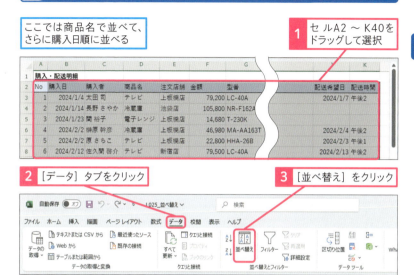

2 [データ] タブをクリック

3 [並べ替え] をクリック

[並べ替え] ダイアログボックスが表示された

4 [レベルの追加] をクリック

5 [最優先されるキー] のここをクリックして [商品名] を選択

6 [次に優先されるキー] のここをクリックして [購入日] を選択

7 [OK] をクリック

商品名で並べて、さらに購入日順に並べられた

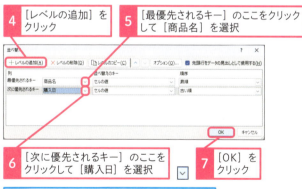

スキルアップ

ウィンドウ枠を固定する

大きな表を扱う場合には、表の見出しを固定して常に表示されるようにしましょう。A列のどこかのセルを選択してウィンドウ枠を固定すると、列見出し（画面上部の見出し）だけ固定できます。ウィンドウ枠の固定を解除するには、リボンの［表示］-［ウィンドウ枠の固定］-［ウィンドウ枠の固定の解除］をクリックしましょう。

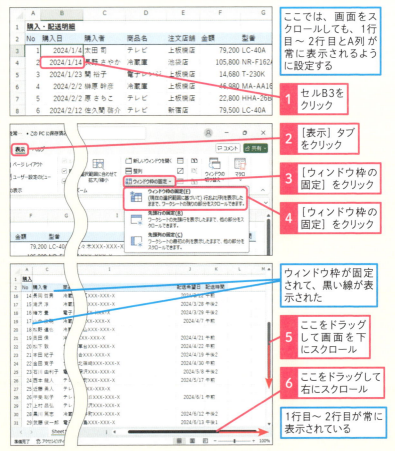

基本編

第5章

数式や関数を使って正確に計算しよう

この章では、数式とはどういうものか、足し算・引き算などの計算をする方法、他のセルの値を参照する方法、関数を使う方法など、数式の基本的な使い方を紹介します。

レッスン 26 セルの値を使って計算するには

動画で見る

数式の入力　　　練習用ファイル　L026_数式の入力.xlsx

数式では「B2」「C2」などのセル番地を入力すると、そのセルに入っている値を使って計算できます。セル番地は、数式入力中に参照したいセルをクリックすると入力できます。数式内で使ったセルの値が変わると計算結果も連動して変わります。

1 他のセルを参照して計算する

ここではセルB3とセルC3に入力された値の積を求める

1 セルD3に「=」と入力

2 セルB3をクリック

数式に「B3」が加わった

3 「*」と入力

4 セルC3をクリック

数式に「C3」が加わった

5 Enterキーを押す

● 値の積が求められた

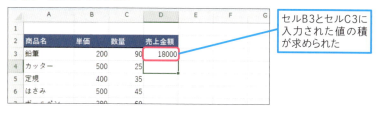

セルB3とセルC3に入力された値の積が求められた

2 矢印キーでセルを選択して計算する

レッスン 27 数式や値を貼り付けるには

数式のコピー、値の貼り付け　　練習用ファイル　L027_数式のコピー、値の貼り付け.xlsx

数式が入っているセルをコピーして貼り付けるときには、「数式」か「計算結果である値」かのどちらを貼り付けるかで結果が変わります。数式を貼り付けるときには、数式内のセル参照がずれて貼り付けられることに注意しましょう。

1 数式をコピーして貼り付ける

セルD4に入力された数式「=B4*C4」をコピーして、セルD5〜D8までに貼り付ける

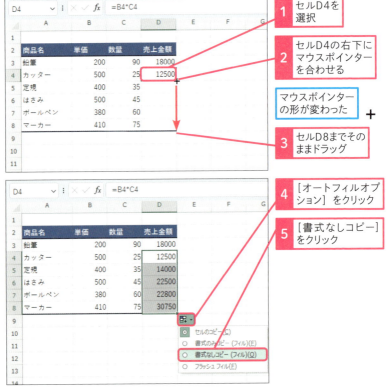

1. セルD4を選択
2. セルD4の右下にマウスポインターを合わせる

マウスポインターの形が変わった

3. セルD8までそのままドラッグ
4. [オートフィルオプション]をクリック
5. [書式なしコピー]をクリック

● 数式が貼り付けられた

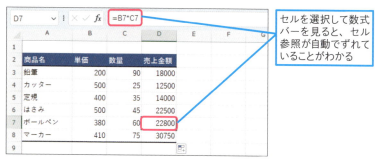

セルを選択して数式バーを見ると、セル参照が自動でずれていることがわかる

2 計算結果を貼り付ける

ここではセルD3～D8に入力された数式の計算結果を、セルE3～E8に貼り付ける

1 セルD3～D8を選択

2 [ホーム] タブをクリック

3 [コピー] をクリック

4 セルE3を選択

5 [貼り付け] のここをクリック

6 [値] をクリック

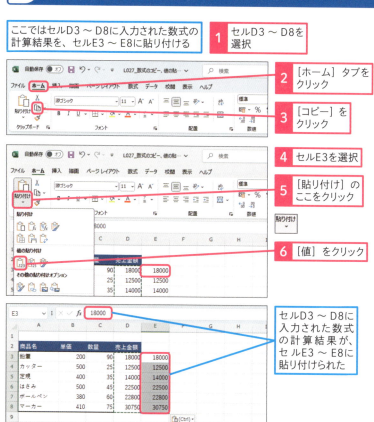

セルD3～D8に入力された数式の計算結果が、セルE3～E8に貼り付けられた

レッスン 28 日付を処理するには

日付の処理　　練習用ファイル　L028_日付の処理.xlsx

Excelの日付は、シリアル値と呼ばれる1900年1月1日からの日数を表す数値で表現されています。この仕組みを使うと、翌日・前日の日付や、2つの日の間の日数を簡単に計算できるようになります。

1 シリアル値とは

シリアル値とはExcelが日付を表現する仕組みで、日付を1900年1月1日からの日数を表す数値で表したものをいいます。例えば、「1900/1/1」が「1」、「1900/1/2」が「2」、…、「2023/12/31」が「45291」、「2024/1/1」が「45292」という感じです。なお、シリアル値「0」には「1900/1/0」という架空の日付が割り当てられています。

● シリアル値と日付

シリアル値の「0」には架空の日付が対応する

0	1	2	…	45291	45292
(1900/1/0)	1900/1/1	1900/1/2	…	2023/12/31	2024/1/1

2 日付をシリアル値で表示する

セルB1に日付が入力されている

1. [ホーム] タブをクリック
2. [数値の書式] をクリック
3. [標準] をクリック

● 表示形式が［標準］に変更された

3 翌日の日付を計算するには

使いこなしのヒント

日付を計算する仕組み

日付はシリアル値で表されているので、日付が入力されているセルの値に1を足すと翌日、1を引くと前日の日付を表示できます。足す数・引く数を変えれば、n日後、n日前の日付を計算できます。例えば、40を足せば40日後の日付が計算できます。

レッスン 29 参照方式について覚えよう

参照方式　　　　　　練習用ファイル　L029_参照方式.xlsx

数式で他のセルを参照する方法として、相対参照と絶対参照を解説します。絶対参照を使うと、数式をコピーして貼り付けたときに参照しているセルが動きません。さらに、列または行の片方だけ固定した複合参照にすることもできます。

1 相対参照と絶対参照

数式の中で他のセルを参照するには相対参照と絶対参照の2つの方法があります。「=A1」のようにセル番地だけを入力すると相対参照、「=A1」のようにセル番地の前に「$」を付けると絶対参照になります。数式をコピーして貼り付けたときに、相対参照だと参照するセルがずれますが、絶対参照だと変わりません。

● 相対参照のイメージ

西に100m

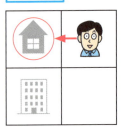

西に100m

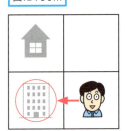

現在地によって目的地（参照先）が変わる

● 絶対参照のイメージ

○丁目△番地の山田さんの家

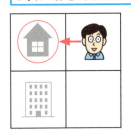

○丁目△番地の山田さんの家

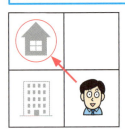

現在地がどこでも、目的地（参照先）は変わらない

2 参照方法を変更するには

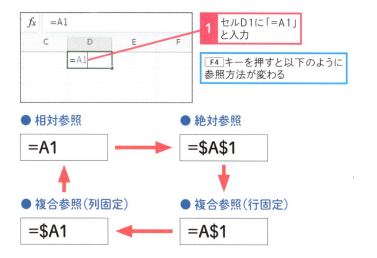

3 絶対参照を入力するには

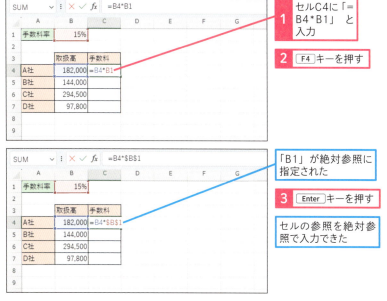

レッスン 30 絶対参照を使った計算をするには

絶対参照　　練習用ファイル　L030_絶対参照.xlsx

数式をコピーして貼り付けるときに、参照するセルをずらしたくないときには絶対参照を使いましょう。例えば、売上構成比を計算するときに、総合計への参照を絶対参照で指定すると、入力した数式をコピーして貼り付けるだけで正しい計算ができるようになります。

1 構成比を計算する

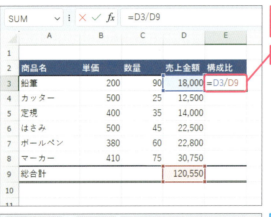

1. セルE3に「=D3/D9」と入力
2. F4 キーを押す

「D9」が絶対参照の「D9」に切り替わった

3. Enter キーを押す

● 構成比が求められた

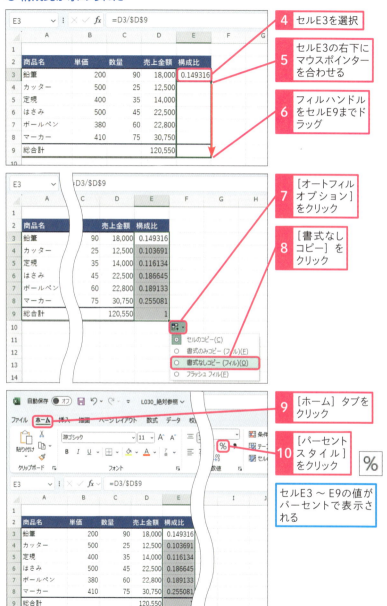

30 絶対参照

できる 105

レッスン 31 複合参照を使った計算をするには

複合参照　　練習用ファイル　L031_複合参照.xlsx

数式で他のセルを参照するときには、複合参照にすることで列または行のみを固定することができます。マトリックス型の表を作るときには、これらの参照方法を使うと数式を簡単にコピーして貼り付けられるようになります。

1 マトリックス型の計算をする

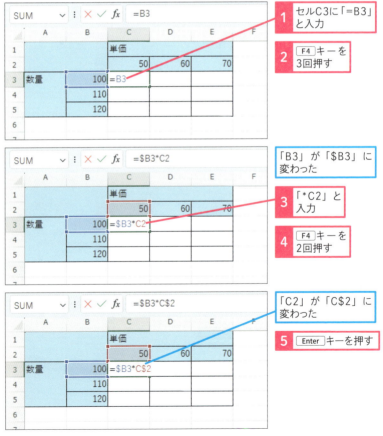

● 数式をコピーする

レッスン 32 関数で足し算をするには

SUM関数、オートSUM　　　　練習用ファイル　L032_オートSUM.xlsx

SUM関数を使うと、指定したすべての数値やセルの合計を計算できます。「+」で足し算をする場合と違い、連続する複数のセルをまとめて指定できます。連続したセルの合計を取りたいときに使いましょう。

数学・三角

数値の合計を計算する

=SUM(数値)

SUM関数は、指定したすべての数値、セル、セル範囲の値を合計する関数です。セル範囲は「A1:B10」のように左上と右下のセルを「:」(コロン)でつないで指定します。複数の数値、セル、セル範囲を指定したいときには「=SUM(10,20)」「=SUM(B4,B7)」「=SUM(A1:B10,10,C5)」のようにカンマ「,」で区切って指定します。

引数

数値　合計したい数値やセル、セル範囲を1つ以上指定します。

例1：
=SUM(B2:B4)
セル範囲B2からB4の値を合計する

例2：
=SUM(B4,B7)
セルB4とセルB7の値を合計する

引数に指定した範囲の値を合計できる

第5章 数式や関数を使って正確に計算しよう

1 オートSUMで計算する

レッスン 33 平均を求めるには

AVERAGE関数　　**練習用ファイル** L033_AVERAGE関数.xlsx

AVERAGE関数は、指定した数値、セル、セル範囲の平均を計算する関数です。3か月間の売上金額の平均、1年間の給与支給額の平均など、セルに入力されている数値の平均を計算したいときに使いましょう。

統計

数値の平均を計算する

=AVERAGE(数値)
（アベレージ）

AVERAGE関数は、指定した数値、セル、セル範囲の値の平均（＝合計÷件数）を計算する関数です。なお、「0」が入力されたセルは、平均を計算するときの分母の件数に含まれますが、文字列のデータが入力されたセルや空欄のセルは、平均を計算するときの分母の件数に含まれないことに注意してください。

引数

参照　平均を求めたい数値やセル、セル範囲を1つ以上指定します。

使いこなしのヒント

［オートSUM］ボタンの活用と入力補完機能

AVERAGE関数を入力したいセルを選択して、リボンから［数式］-［オートSUM］の横の［▼］-［平均］をクリックすると、自動的にAVERAGE関数が挿入されます。関数を直接入力する場合でも、関数名を完璧に覚える必要はありません。本文で紹介したように、関数名の一部を入力すると、該当する関数の一覧が表示されます。後は、↑↓キーで選択した後に Tab キーを押すと関数を入力できます。

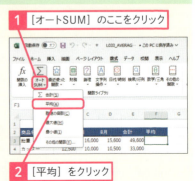

1　［オートSUM］のここをクリック

2　［平均］をクリック

1 売上の平均を求める

AVERAGE関数

1. セルF3に「=AV」と入力
2. ↓キーを何度か押し[AVERAGE]を選択
3. Tabキーを押す

入力する関数が選択された

4. セルB3～D3をドラッグ

平均する範囲が選択された

5. 「)」と入力
6. Enterキーを押す

セルB3～D3の平均が表示された

7. セルF3の右下にマウスポインターを合わせる
8. フィルハンドルをセルF8までドラッグ

レッスン27を参考に[オートフィルオプション]で[書式なしコピー]をクリックしておく

数式がコピーされ商品ごとの売上平均が求められる

レッスン 34 四捨五入をするには

ROUND関数　練習用ファイル　L034_ROUND関数.xlsx

計算結果を四捨五入するときはROUND関数を使いましょう。例えば、本体代金から消費税額を計算する場合や、定価に値引率を掛けて値引額を計算する場合など、計算結果に端数が出る場合にはROUND関数で端数処理をしましょう。

> **数学・三角**
>
> **数値を指定した桁数に四捨五入する**
>
> =**ROUND**(数値, 桁数)

ROUND関数は、指定した数値を四捨五入して、指定した桁数に丸める関数です。桁数は、2つ目の引数で指定します。例えば、四捨五入した結果、整数にしたいときには「0」、小数1位まで表示したいときには「1」、10の位まで表示したいときには「-1」を指定します。

引数

- **数値**　四捨五入する数値を指定します。
- **桁数**　四捨五入した結果をどの桁数まで表示するかを指定します。

1 消費税を四捨五入する

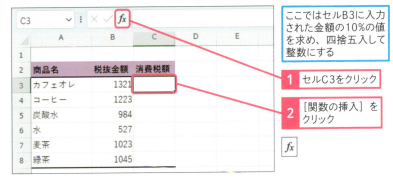

ここではセルB3に入力された金額の10%の値を求め、四捨五入して整数にする

1 セルC3をクリック

2 [関数の挿入]をクリック

● ROUND関数の入力を続ける

［関数の挿入］ダイアログボックスが表示された

四捨五入した結果をどの桁まで表示するかを指定する

3 「ROUND」と入力

4 ［検索開始］をクリック

5 ［ROUND］をクリック

6 ［OK］をクリック

7 セルB3をクリック

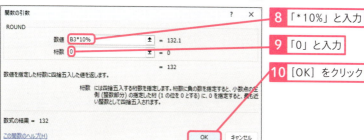

8 「*10%」と入力

9 「0」と入力

10 ［OK］をクリック

セルB3に入力された金額の10%の値を求め、四捨五入して整数にできた

レッスン27を参考に数式をコピーしておく

レッスン 35 他のシートのデータを集計するには

他のシートの参照　練習用ファイル　L035_他のシートの参照.xlsx

他のシートのセルを選択する場合にも、ほとんど同じ操作で、数式を入力できます。次の[月]シートに入力された材料費の2024年1月～2024年3月の合計金額を計算して[集計]シートに転記してみましょう。

1 他のシートのセルを参照する

● 引数が指定された

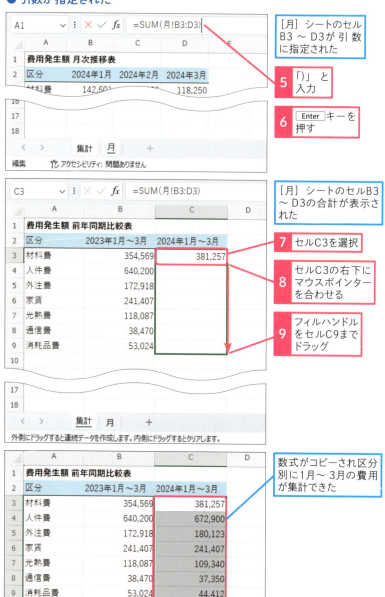

スキルアップ

セルの文字同士を結合する

Excelの数式では、足し算・掛け算などの数値計算だけではなく文字列データの計算（処理）もできます。数式中で空白文字を入力したいときには「"」と「"」の間に空白を入れて「" "」と入力しましょう。「"様"」のように、他の文字を合わせて入力することもできます。

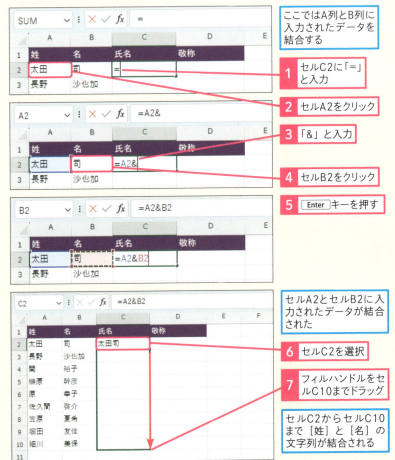

基本編

第 6 章

用途に応じて的確に表を印刷しよう

この章では、Excelの印刷について基本から説明します。用紙設定その他の印刷準備をし、印刷イメージのチェック後、作成した表を印刷する方法を紹介します。合わせて、PDFファイルの作成方法も紹介します。

レッスン 36 印刷の基本を覚えよう

印刷の基本　　　**練習用ファイル** L036_印刷の基本.xlsx

作成した表を印刷する前に用紙の向き・サイズ・余白などを設定しましょう。また、印刷前には印刷プレビューでイメージを確認して、意図通りに印刷されるかどうかを確認しましょう。

1 [印刷]画面を表示する

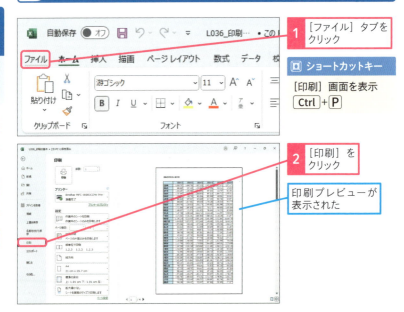

1 [ファイル]タブをクリック

ショートカットキー
[印刷]画面を表示
Ctrl + P

2 [印刷]をクリック

印刷プレビューが表示された

使いこなしのヒント

文字がはみ出ていないか確認しよう

印刷プレビューでは、文字がセルからはみ出ていないか確認しましょう。文字がセルからはみ出ていると、①文字の末尾が印刷されない、②文字の末尾が別のページに印刷される、③文字の末尾の近くの罫線が消えるといった現象が起きます。これを解消するには、列の幅を広げる(レッスン11)、縮小して全体を表示する(レッスン16)といった方法があります。

2 プリンターを選択する

手順1を参考に、[印刷]画面を表示しておく

1 [プリンター]のここをクリック

2 プリンター名をクリック

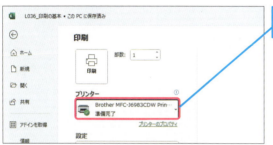

プリンターが選択された

💡 使いこなしのヒント

印刷プレビューを拡大表示するには

印刷プレビューの見た目が小さいときには、プレビュー画面右下の[ページに合わせる]アイコンをクリックしましょう。通常のシートで拡大倍率100%の際と同じ大きさでプレビューを表示できます。もう一度、[ページに合わせる]アイコンをクリックすると、元の大きさに戻ります。

印刷プレビューが拡大表示された

1 [ページに合わせる]をクリック

ここを左右上下にドラッグすると見たい場所に移動できる

もう一度[ページに合わせる]をクリックすると、元の表示に戻る

3 印刷の向きを設定する

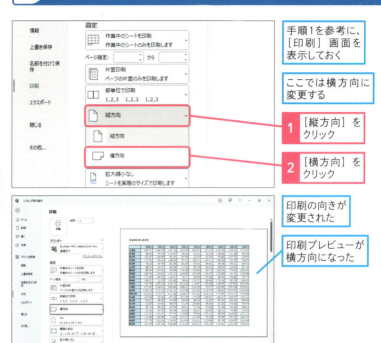

4 用紙の種類を設定する

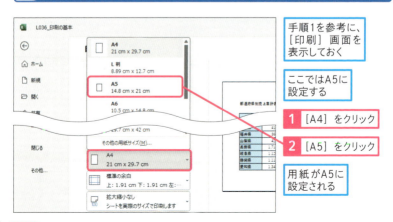

5 余白を設定する

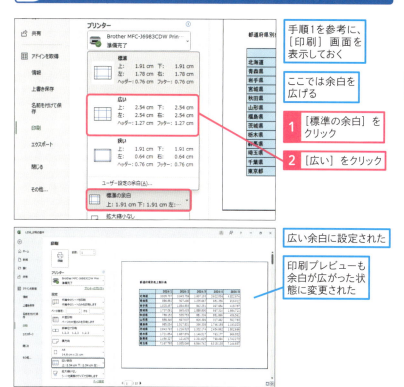

手順1を参考に、[印刷]画面を表示しておく

ここでは余白を広げる

1 [標準の余白]をクリック

2 [広い]をクリック

広い余白に設定された

印刷プレビューも余白が広がった状態に変更された

6 印刷する

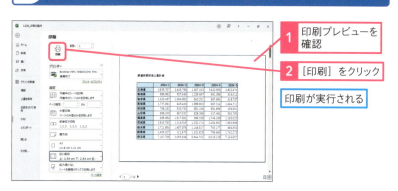

1 印刷プレビューを確認

2 [印刷]をクリック

印刷が実行される

レッスン 37 表に合わせて印刷するには

印刷設定 | 練習用ファイル 手順見出し参照

大きい表を印刷するときに便利な、全体を1ページに収めるように縮小率を自動調整する機能を解説します。縦に長い表を印刷するときには、横方向だけ1ページに収めて縦方向は何枚かに分けて印刷する設定もできます。

1 1ページに収めて印刷する

L037_印刷設定_01.xlsxを使用

レッスン36を参考に、印刷の向きを[横方向]に設定しておく

1. [拡大縮小なし]をクリック
2. [シートを1ページに印刷]をクリック

すべてのデータが1ページに収まるように設定された

💡 使いこなしのヒント

用紙の向きとも組み合わせて調整しよう

横幅のある表を横1ページに収めたいときには、[シートを1ページに印刷]を指定するだけでなく、印刷の向きを横方向にして余白を小さくすると、より原寸に近い大きさで印刷できます。

2 縦長の表を印刷する

L037_印刷設定_02.xlsx を使用

レッスン36を参考に、印刷の向きを[縦方向]に設定しておく

1 [拡大縮小なし]をクリック

2 [すべての列を1ページに印刷]をクリック

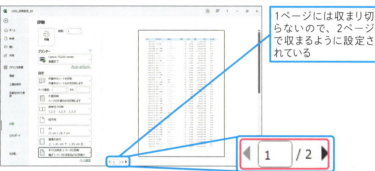

1ページには収まり切らないので、2ページで収まるように設定されている

使いこなしのヒント

すべての行を1ページに収めても同じ結果になる

本文で紹介した印刷方法の他、[すべての行を1ページに印刷]という方法も選ぶことができます。この練習用ファイルの場合は、[シートを1ページに印刷]と同じ結果になります。

使いこなしのヒント

倍率を手動で設定するには

倍率を手動で設定するには、[ファイル]-[印刷]をクリックした後、[拡大縮小なし]をクリックし、出てきたメニューの中から[拡大縮小オプション]をクリックしましょう。[ページ設定]ウィンドウの[ページ]タブが表示されるので、[拡大/縮小]で倍率を調整してください。設定が終わったら[OK]をクリックして、変更を確定させましょう。

レッスン
38 改ページの位置を調整するには

改ページプレビュー 練習用ファイル L038_改ページプレビュー.xlsx

キリのいい位置で改ページをするように手動で調整したいときには、改ページプレビューの画面を使いましょう。改ページプレビューを使うと、印刷時にレイアウトが崩れないかどうかの確認もできます。

1 改ページプレビューを表示する

1 [表示] タブをクリック
2 [改ページプレビュー] をクリック

改ページプレビューが表示された

青い点線の位置で、改ページされる

使いこなしのヒント

改ページプレビューと表示の戻し方

改ページプレビューとは、改ページがどこで行われるかを確認しながら、シートの内容を編集できる機能です。改ページプレビューの画面では、改ページの位置は青の点線、印刷範囲は青の実線で表示されます。通常の表示に戻すには、[表示] タブをクリックして、[標準] をクリックしてください。

1 [標準] をクリック

表示が元に戻る

2 改ページの位置を変更する

手順1を参考に、改ページプレビューを表示しておく

ここではA列からG列まででいったん改ページを入れる

1 青い点線にマウスポインターを合わせる

2 ここまでドラッグ

改ページの位置が変更された

使いこなしのヒント

ページレイアウトプレビューとは

[ページレイアウトプレビュー]を使うと、印刷時の出力イメージを見ることができます。改ページの位置がわかるだけでなく、レッスン39で紹介するヘッダー・フッターや余白も合わせて確認できます。

使いこなしのヒント

改ページや印刷範囲がおかしくないか確認しよう

改ページの位置(青の点線)や印刷範囲(青の実線)が意図しない場所に入っている場合には、文字がセルからはみでていないか確認しましょう。画面上では文字がセルに収まっているのに、印刷すると文字がセルからはみでてしまう場合があるためです。

レッスン 39 ヘッダーやフッターを印刷するには

ヘッダー、フッター　　練習用ファイル　L039_ヘッダーとフッター.xlsx

印刷時に、用紙の上部や下部の余白にファイル名やページ番号、印刷日時などを出力するには、ヘッダーやフッターを設定しましょう。詳細設定画面で設定をすると、すべてのページに共通する図や文字を出力することもできます。

1 ヘッダーの設定をする

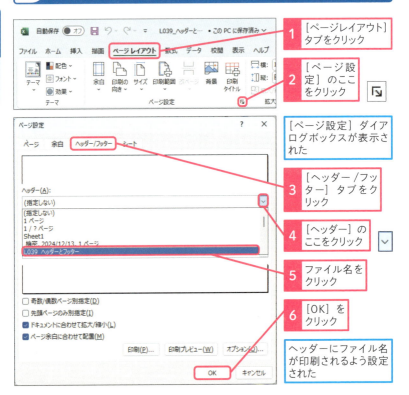

2 フッターの設定をする

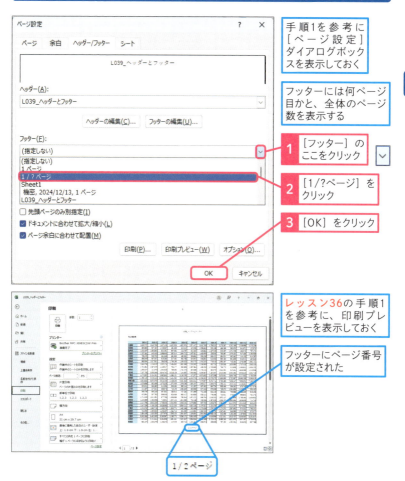

手順1を参考に[ページ設定]ダイアログボックスを表示しておく

フッターには何ページ目かと、全体のページ数を表示する

1 [フッター]のここをクリック

2 [1/?ページ]をクリック

3 [OK]をクリック

レッスン36の手順1を参考に、印刷プレビューを表示しておく

フッターにページ番号が設定された

使いこなしのヒント

余白を細かく設定するには

ヘッダーは上の余白、フッターは下の余白に出力されます。余白が十分にないとヘッダーやフッターが本体の表の上に出力されてしまうので、余白を十分取るようにしましょう。[ページ設定]ダイアログボックスの[余白]タブの「上」欄で上の余白、「下」欄で下の余白の大きさを設定できます。

レッスン 40 見出しを付けて印刷するには

印刷タイトル　　　　練習用ファイル　L040_印刷タイトル.xlsx

大きい表を複数ページにまたがって印刷するときには、印刷タイトルの設定をして、それぞれのページに表の見出しやタイトルを印刷しましょう。ウィンドウ枠の固定をしているシートを印刷するときに、この機能を使うと、ディスプレイ上の表示と印刷結果が近くなって便利です。

1 タイトル行を設定する

ここでは、セルA1に入力された表のタイトルと見出しをタイトル行として設定する

1. [ページレイアウト]タブをクリック
2. [印刷タイトル]をクリック

[ページ設定]ダイアログボックスが表示された

3. [タイトル行]のここをクリック
4. 行番号「1」をクリックして「3」までドラッグ

[タイトル行]に「$1:$3」と入力される

2 タイトル列を設定する

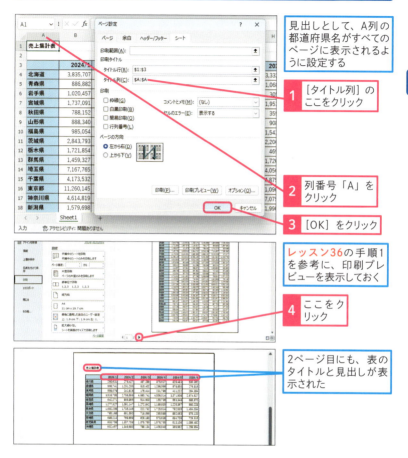

見出しとして、A列の都道府県名がすべてのページに表示されるように設定する

1 [タイトル列] のここをクリック

2 列番号「A」をクリック

3 [OK] をクリック

レッスン36の手順1を参考に、印刷プレビューを表示しておく

4 ここをクリック

2ページ目にも、表のタイトルと見出しが表示された

使いこなしのヒント

印刷タイトルは印刷画面から変更できない

印刷に関連する設定のほとんどは、[ファイル]タブをクリックして、[印刷]をクリックし、[ページ設定]の画面から変更できます。ところが、このレッスンで紹介する印刷タイトルの設定と、レッスン41で紹介する印刷範囲の設定は、読み込み専用の状態になってしまい、設定を修正することができません。この2つの設定を変更したいときには、[ページレイアウト]タブからの操作で修正をするようにしてください。

レッスン 41 印刷範囲を指定するには

印刷範囲　　練習用ファイル　L041_印刷範囲.xlsx

シート全体ではなくシートの一部分だけを印刷したいときには、印刷範囲を設定しましょう。印刷範囲は、通常の画面や、[ページ設定] ウィンドウの他、改ページプレビューの画面でも確認と変更ができます。

1 印刷範囲を選択する

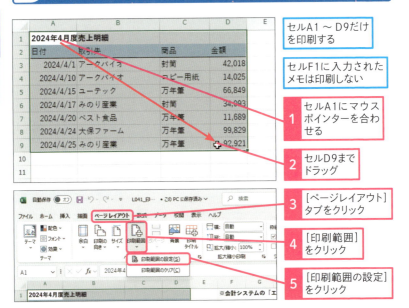

使いこなしのヒント

改ページプレビューで印刷範囲を確認・変更するには

改ページプレビューでは印刷範囲は青の実線で表示されます。この青の実線をドラッグすると印刷範囲を変更できます。操作方法はレッスン38を参照してください。

● 印刷範囲が指定された

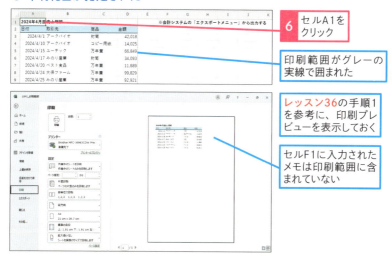

6 セルA1をクリック

印刷範囲がグレーの実線で囲まれた

レッスン36の手順1を参考に、印刷プレビューを表示しておく

セルF1に入力されたメモは印刷範囲に含まれていない

使いこなしのヒント

[シート] 画面から印刷範囲を設定できる

リボンの [ページレイアウト] →シートのオプションの右横の矢印をクリックすると、[ページ設定] ウィンドウが表示されます。このウィンドウで、[印刷範囲] フィールドを選択後、セルを指定して [OK] をクリックしても、印刷範囲を指定できます。

使いこなしのヒント

印刷範囲の設定を解除するには

印刷範囲の設定を解除するには、[ページレイアウト] タブをクリックして、[印刷範囲] をクリックしてから [印刷範囲のクリア] をクリックしてください。

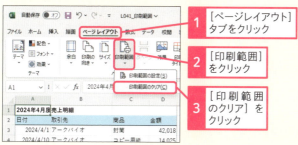

1 [ページレイアウト] タブをクリック
2 [印刷範囲] をクリック
3 [印刷範囲のクリア] をクリック

スキルアップ

PDFファイルに出力するには

PDFファイルを作成したいときは、[エクスポート]の機能を使ってPDFファイルを出力しましょう。印刷プレビューの代わりにPDFファイルを作成して、印刷前に印刷イメージを確認することもできます。

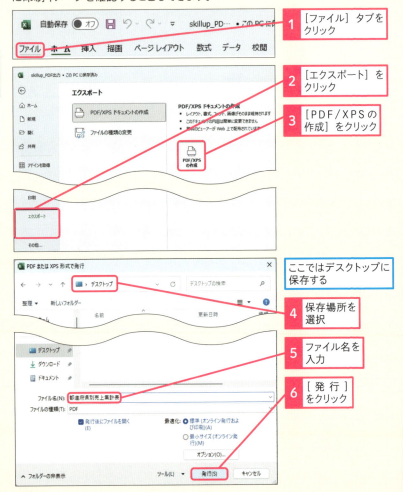

基本編

第7章

グラフと図形でデータを視覚化しよう

この章では、データを視覚化して情報を効果的に伝えるための方法を紹介します。グラフの基本的な作成方法や、位置や大きさ・色などの調整方法、複合グラフの作成方法などを解説するとともに、図形を挿入する方法も紹介します。

レッスン 42 グラフを作るには

動画で見る

おすすめグラフ　　　練習用ファイル　手順見出し参照

作成した表は、グラフを使って見やすく表示しましょう。表を選択して、[おすすめグラフ]の機能を使うと、グラフを簡単に挿入することができます。この機能を使うと棒グラフ、折れ線グラフ、円グラフなどが作れます。

1 グラフの要素を確認する

グラフは、下記のように様々な要素で構成されています。グラフの見た目を変更するときには、各要素ごとに変更していくことになるので、このような要素がある、ということを意識しておきましょう。

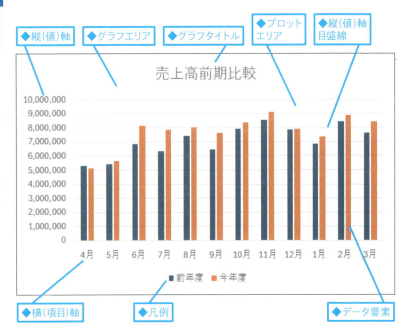

2 棒グラフを作る

L042_おすすめグラフ_01.xlsx

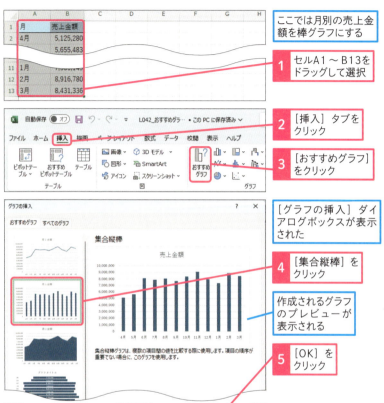

ここでは月別の売上金額を棒グラフにする

1 セルA1～B13をドラッグして選択

2 [挿入] タブをクリック

3 [おすすめグラフ] をクリック

[グラフの挿入] ダイアログボックスが表示された

4 [集合縦棒] をクリック

作成されるグラフのプレビューが表示される

5 [OK] をクリック

使いこなしのヒント

グラフの種類を変えるには

本文の手順と同じようにグラフ化したい範囲を選択して [挿入] - [おすすめグラフ] をクリックします。その後、[グラフの挿入] ダイアログボックスで [すべてのグラフ] タブをクリックすると、より多くの種類からグラフを変えることができます。

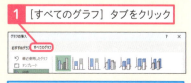

1 [すべてのグラフ] タブをクリック

より多くの種類からグラフを選択できる

● グラフを確認する

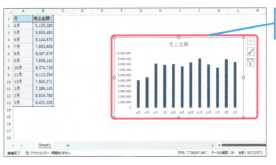

月別の売上金額が棒グラフになった

3 データを比較するグラフを作る

L042_おすすめグラフ_02.xlsx

ここでは前年度と今年度の月別の売上金額を比較する棒グラフを作る

1. セルA1〜C13をドラッグして選択
2. [挿入] タブをクリック
3. [おすすめグラフ] をクリック

使いこなしのヒント

折れ線グラフ・円グラフの使いどころ

棒グラフの他に折れ線グラフ、円グラフなどもよく使われます。時系列データなどの場合は折れ線グラフ、全体の内訳を表す場合には円グラフを使うと、見やすいグラフになる場合が多いです。もし、棒グラフでは、適切に表現できないと感じたときには、これらのグラフも使ってみてください。

● グラフの種類を選択する

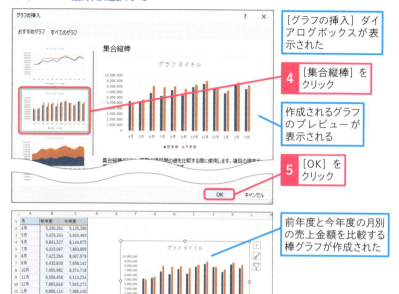

[グラフの挿入] ダイアログボックスが表示された

4 [集合縦棒] をクリック

作成されるグラフのプレビューが表示される

5 [OK] をクリック

前年度と今年度の月別の売上金額を比較する棒グラフが作成された

使いこなしのヒント

列を分けると別系列のデータとしてグラフ化される

グラフで2つ以上のデータを比較するときには、比較したいデータを横に並べた表を準備しましょう。今回は前年度・今年度の2つのデータを比較しましたが、前々年度、前年度、今年度など3つ以上のデータを比較したグラフを作成することもできます。

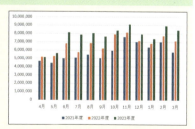

使いこなしのヒント

グラフ挿入後にグラフの種類を変えるには

いったんグラフを挿入した後に、グラフの種類を変えるには、グラフ上部の余白部分をクリックしてグラフ全体を選択した後に、リボンから [グラフのデザイン] タブをクリックし、[グラフの種類の変更] をクリックしてください。

レッスン 43 グラフの位置や大きさを変えるには

グラフの移動、大きさの変更 | 練習用ファイル L043_グラフの調整.xlsx

シートに挿入したグラフはマウスで位置や大きさを変更することができます。グラフは、セルの中には入らず、自由に調整できます。また、グラフタイトルには、好きな文字を入力して大きさや色も変えることができます。

1 グラフを移動する

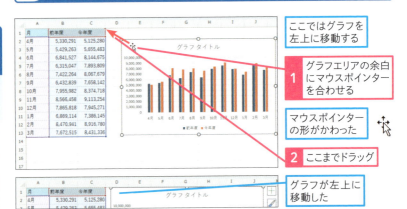

ここではグラフを左上に移動する

1 グラフエリアの余白にマウスポインターを合わせる

マウスポインターの形がかわった

2 ここまでドラッグ

グラフが左上に移動した

2 グラフの大きさを変更する

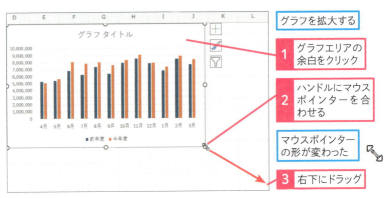

グラフを拡大する

1 グラフエリアの余白をクリック

2 ハンドルにマウスポインターを合わせる

マウスポインターの形が変わった

3 右下にドラッグ

3 グラフタイトルを変更する

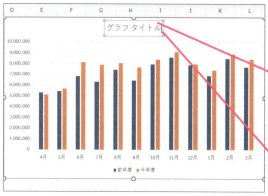

ここではグラフタイトルを「売上高前期比較」に変更する

1. グラフタイトルをゆっくり2回クリック

グラフタイトルが編集可能な状態になった

2. 元のグラフタイトルを消去して、「売上高前期比較」と入力

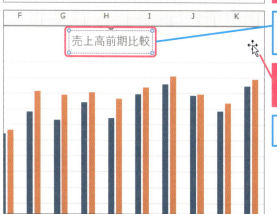

グラフタイトルが「売上高前期比較」に変更された

3. グラフエリアのグラフタイトル以外の場所をクリック

グラフタイトルの選択が解除される

使いこなしのヒント

グラフ全体を選択するには?

グラフの移動・大きさの変更など、グラフ全体に関わる操作をするときには、グラフエリア上部の余白部分をクリックして、グラフ全体を選択しましょう。グラフの各要素の上でクリックをすると、その要素だけが選択された状態になり、後の操作がうまくいかない場合があるので、注意してください。

1. [グラフエリア]と表示されるところをクリック

グラフ全体が選択される

レッスン 44 グラフの色を変更するには

グラフの色の変更　　練習用ファイル　L044_グラフの色の変更.xlsx

Excelでグラフを作成すると、自動的に色の組み合わせが決められます。このグラフの色は全体、系列、個別のそれぞれをマウスで変更できます。強調したい項目の色を変更することで、効果的なグラフが作れます。

1 グラフ全体の色を変更する

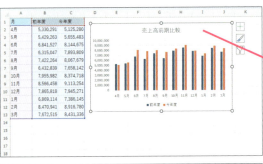

ここではグラフ全体の色を変更する

1 グラフエリアの余白をクリック

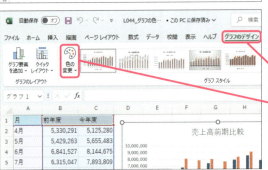

ここではグラフ全体の色を変更する

2 [グラフのデザイン] タブをクリック

3 [色の変更] をクリック

🔍 用語解説

系列

系列とは、グラフに表示されるデータで、1つのグループとしてまとめて扱われる単位のことをいいます。通常、グラフの元になる表の1つの列が、1つの系列になります。グラフの色は系列ごとに色を変えられます。

● グラフの色を選択する

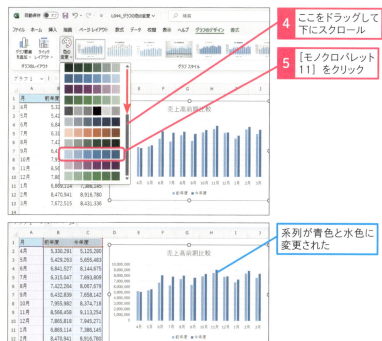

4 ここをドラッグして下にスクロール

5 [モノクロパレット11] をクリック

系列が青色と水色に変更された

使いこなしのヒント

モノクロ印刷をするときにはモノクロの配色を選択しよう

様々な色を使ったグラフは、モノクロのプリンターなどで印刷をすると、見た目の印象が変わる場合があります。モノクロで印刷をするときには、印刷したときのイメージがわかりやすいように [色の変更] で、モノクロの配色を選択しておきましょう。

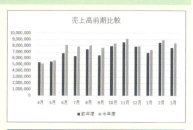

モノクロのプリンターで出力する場合はモノクロのパターンを選ぶ

2 系列ごとにグラフの色を変更する

ここでは前年度の系列が目立たないように色を変更する

1 前年度の系列をクリック

前年度の系列が選択された

2 [書式] タブをクリック

3 [図形の塗りつぶし] をクリック

4 [白、背景1、黒+基本色 15%] をクリック

前年度の系列の色が変更される

使いこなしのヒント

どの要素を選択しているか意識しよう

今回の例では、1回クリックするとデータ系列全体が選択され、2回ゆっくりクリックするとデータ系列のうちの1つの要素だけが選択されます。そして、色を変えると、選択している要素だけ色が変わります。このように、選択している要素が違うと、その後に同じ操作をしても結果が変わる場合が多いので注意しましょう。

1回クリックするとデータ系列全体が選択される

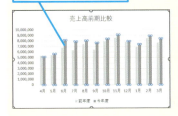

ゆっくり2回クリックするとデータ系列の1つが選択される

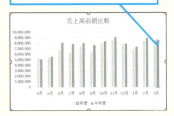

3 個別にデータ要素の色を変更する

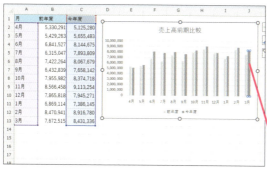

手順2を参考に、今年度のグラフの色を[白、背景1、黒+基本色35%]に変更しておく

ここでは今年度3月のデータ要素が目立つように色を変更する

1. 今年度3月のグラフをゆっくり2回クリック

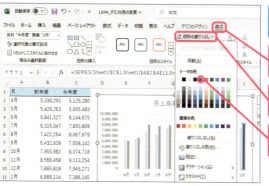

今年度の3月のデータ要素が選択された

2. [書式]タブをクリック
3. [図形の塗りつぶし]をクリック
4. [濃い青緑、アクセント1]をクリック

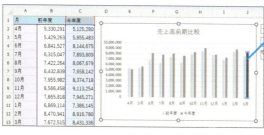

今年度3月のデータ要素だけ、色が変更された

使いこなしのヒント

円グラフや折れ線グラフでも同じように変更できる

円グラフや折れ線グラフも、系列や個別のデータ要素をクリックして選択し、色を変更できます。[色の変更]で全体的な色味を設定した後、必要に応じて系列ごと、あるいは個別に色を設定しましょう。

レッスン 45 縦軸と横軸の表示を整えるには

動画で見る

グラフ要素　　　　　練習用ファイル　手順見出し参照

グラフは初期の状態だと、データの内容によっては見づらい場合があります。目盛りや目盛り線などのグラフの各要素の表示・非表示を切り替えたり、軸の刻み幅を変えたりしてグラフの見た目を整えましょう。

1 グラフ要素の表示を切り替える

L045_グラフ要素_01.xlsx

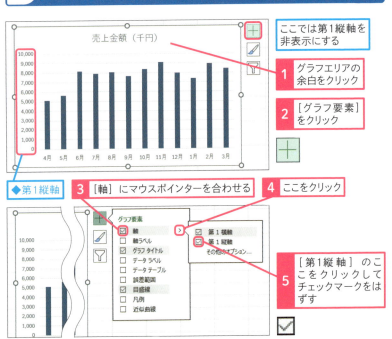

ここでは第1縦軸を非表示にする

1. グラフエリアの余白をクリック
2. [グラフ要素] をクリック
3. [軸] にマウスポインターを合わせる
4. ここをクリック
5. [第1縦軸] のここをクリックしてチェックマークをはずす

◆第1縦軸

使いこなしのヒント

軸を複数表示するには

[第2軸] の機能を使うと、1つのグラフには、縦軸の目盛りを2つ設定することができます。詳細は、レッスン46の「手順2 グラフを手動で変更する」を参照してください。

● 目盛り線を非表示にする

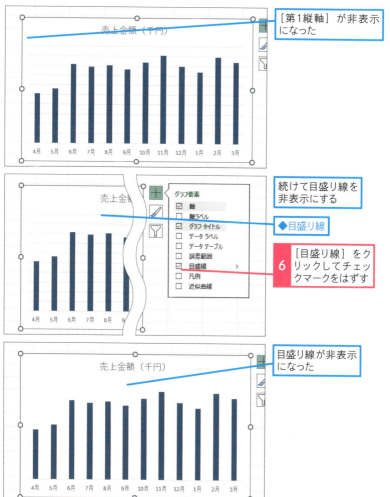

［第1縦軸］が非表示になった

続けて目盛り線を非表示にする

◆目盛り線

6 ［目盛り線］をクリックしてチェックマークをはずす

目盛り線が非表示になった

使いこなしのヒント

目盛りではなく数値で値を表示する

グラフをスッキリ見せたいときには縦軸の表示と目盛り線を削除しましょう。値を読み取れるようにしたいときには、データラベルを使って各項目ごとの値を表示しましょう。詳しい手順は次ページで紹介します。

● データラベルを表示する

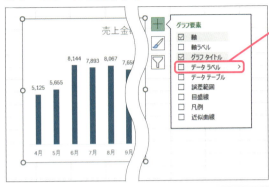

7 [データラベル] をクリックしてチェックマークを付ける

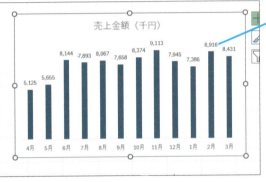

データラベルが表示された

🔎 用語解説

データラベル

データラベルとは、グラフの項目ごとに表示する値のことをいいます。初期状態では、個々のグラフの値が表示されます。設定により、系列名などを表示することもできます。

💡 使いこなしのヒント

データラベルの書式を変えるには

データラベルをクリックした後、リボンの[ホーム]タブから文字の色、大きさ、フォントの種類などを変更できます。また、データラベルで右クリックをして、右クリックのメニューから[データラベル図形の変更]や[データラベルの書式設定]をクリックすると、データラベルの周りに図形を表示させるなど、さらに詳細な設定をすることもできます。

2 縦軸の最大値と最小値を変更する

L045_グラフ要素_02.xlsx

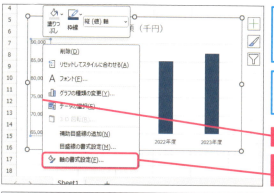

縦軸の最大値が90000、最小値が65000に設定されている

ここでは縦軸の最大値を90000、最小値を0に変更する

1 縦軸を右クリック

2 [軸の書式設定] をクリック

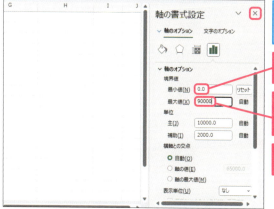

[軸の書式設定] 作業ウィンドウが表示された

3 [最小値] に「0」と入力

4 [最大値] に「90000」と入力

5 [閉じる] をクリック

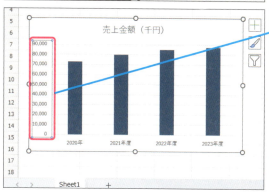

縦軸の最大値が90000、最小値が0に変更された

レッスン 46 複合グラフを作るには

複合グラフ　　　練習用ファイル　手順見出し参照

金額と比率など、異なる種類のデータを1つのグラフに表示したいときには、複数の種類のグラフを組み合わせて、複合グラフを作りましょう。グラフごとに、軸に表示する数値の範囲を設定して見やすく調整できます。

1 2種類のグラフを挿入する

L046_複合グラフ_01.xlsx

ここでは月別の売上高と売上原価を棒グラフにして、粗利益率を折れ線グラフにして組み合わせる

1. セルA1～D13をドラッグして選択

2. [挿入] タブをクリック
3. [おすすめグラフ] をクリック

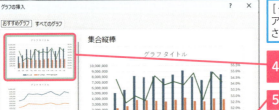

[グラフの挿入] ダイアログボックスが表示された

4. [集合縦棒] をクリック
5. [OK] をクリック

●[おすすめグラフ]でグラフが作成された

月別の売上高と売上原価を棒グラフにして、粗利益率を折れ線グラフにして組み合わせることができた

2 グラフを手動で変更する

L046_複合グラフ_02.xlsx

46 複合グラフ

1. セルA1〜C8をドラッグして選択

2. [挿入]タブをクリック
3. [おすすめグラフ]をクリック

客数と売上単価を共通の目盛りで表示すると、それぞれの推移がわかりづらいので、表示を変更したい

4. [すべてのグラフ]をクリック

💡 使いこなしのヒント

グラフの種類を変えるには

グラフを選択後、[グラフのデザイン]タブ -[グラフの種類の変更]をクリックします。

次のページに続く➡

できる 149

● グラフの種類を選択する

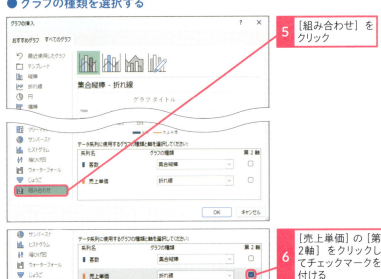

5 [組み合わせ]をクリック

6 [売上単価]の[第2軸]をクリックしてチェックマークを付ける

7 [OK]をクリック

第2軸を設定した複合グラフに変更された

🔍 用語解説

第2軸

1つのグラフには、縦軸の目盛りを2つ設定することができます。この縦軸に設定する2つ目の目盛りのことを[第2軸]と呼びます。[第2軸]の目盛りは右側に表示されます。

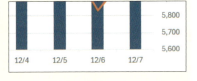

基本編 第7章 グラフと図形でデータを視覚化しよう

150 できる

3 第2軸の間隔を変更する

L046_複合グラフ_01.xlsx

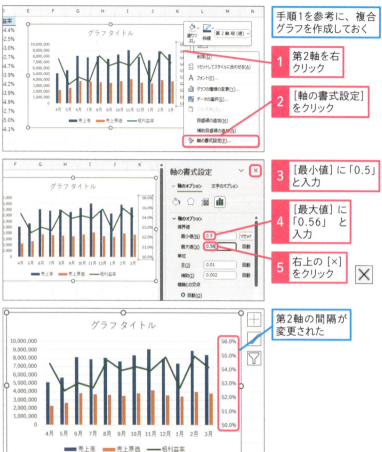

手順1を参考に、複合グラフを作成しておく

1 第2軸を右クリック

2 [軸の書式設定]をクリック

3 [最小値]に「0.5」と入力

4 [最大値]に「0.56」と入力

5 右上の[×]をクリック

第2軸の間隔が変更された

使いこなしのヒント

グラフの種類を個別に設定できる

[おすすめグラフ]の機能を使うと、客数と売上単価など本来は別のグラフで表示したいものが、同じグラフで表示するように提案されてしまう場合があります。そのときには、本文で紹介する手順で、それぞれの系列ごとにグラフの種類と第2軸に表示するかどうかを手動で設定しましょう。

スキルアップ

図形を挿入するには

Excelでは、セルに値や数式を入力するだけでなく、四角形などの図形やアイコンなども挿入できます。作成する資料に、図解やイメージ図を入れたいときに使いましょう。また、Shiftキーを押しながら図形を挿入すると、正方形・正円など整った形の図形が挿入できます。

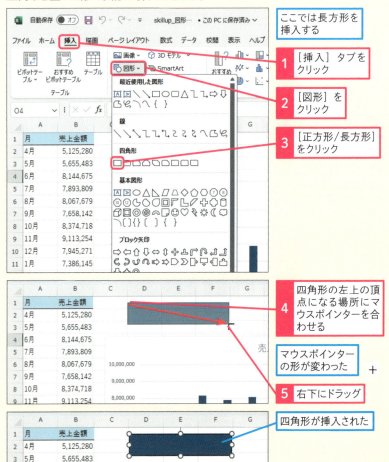

活用編

第8章

データ集計に必須！ビジネスで役立つ厳選関数

この章では、「SUMIFS関数」や「VLOOKUP関数」など、使用頻度が高く重要な関数を紹介します。どの関数も、効率よく表を作成するためには欠かせない関数です。

レッスン 47 条件に合うデータのみを合計するには

SUMIFS関数

取引先別の売上金額合計、部門別の給与合計など、指定した条件に一致する行の数値を合計するにはSUMIFS関数を使いましょう。Excelで最も重要な関数の1つで、Excelの作業効率を上げるには欠かせない関数です。

検索・行列

指定した条件に一致するデータの合計を計算する

=**SUMIFS**(合計対象範囲, 条件範囲1, 条件1, 条件範囲2, 条件2, …)

サムイフエス

SUMIFS関数は、いわゆる条件付きで合計を計算する関数です。合計対象範囲で指定したセル範囲のうち、条件範囲で指定したセル範囲が、指定した条件を満たしているセルだけを合計します。合計対象範囲とすべての条件範囲には同じ形のセル範囲を指定します。SUMIFS関数は、取引先別の売上高一覧表など、ある切り口に着目した金額の内訳表を作成する場合に使われます。

引数

合計対象範囲	合計を計算するセル範囲を指定します。
条件範囲	条件の判定に使うセル範囲を指定します。
条件	条件を指定します。

SUMIFS関数を使うことで取引先ごとに金額を合計できる

練習用ファイル ▶ L047_SUMIFS関数.xlsx

使用例 取引先名が「ベスト食品」、月が「1」の金額合計を計算する セルG2の式

=SUMIFS(C:C, A:A, E2, B:B, F2)

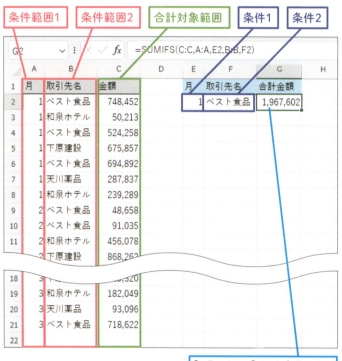

「1月」かつ「ベスト食品」との取引金額だけを合計できた

ポイント

合計対象範囲	金額（C:C）列の値を合計する
条件範囲1	条件は月（A:A）列が
条件1	1（セルE2）と等しい場合
条件範囲2	かつ取引先名（B:B）列が
条件2	ベスト食品（セルF2）と等しい場合

レッスン 48 条件に合うデータの件数を合計するには

COUNTIFS関数

取引先別の売上金額件数、部門別の人員数など、指定した条件に一致する行の件数を数えるにはCOUNTIFS関数を使いましょう。使い方はSUMIFS関数とほとんど同じなので、SUMIFS関数と合わせて使い方を覚えるようにしましょう。

統計

指定した条件に一致するデータの件数を計算する

=**COUNTIFS**(条件範囲1, 条件1, 条件範囲2, 条件2, …)
（カウントイフス）

COUNTIFS関数は、条件を満たした件数を計算する関数です。条件範囲で指定したセル範囲のうち、指定した条件を満たしている件数を計算します。すべての条件範囲には同じ形のセル範囲を指定します。COUNTIFS関数は、部署別の従業員数など、ある切り口に着目した件数や人数の内訳表を作成する場合に使われます。

引数

- **条件範囲** 条件の判定に使うセル範囲を指定します。
- **条件** 条件を指定します。

COUNTIFS関数を使うことで条件に合うデータの個数を求められる

練習用ファイル ▶ L048_COUNTIFS関数.xlsx

使用例 部署が営業部の人数を計算する　　セルF3の式

=COUNTIFS(A:A, E3)

「営業部」の人数が表示された

ポイント

条件範囲	部署（A:A）列が
条件	営業部（セル E3）と等しい場合の件数を数える

💡 使いこなしのヒント

複数の条件を指定するには

COUNTIFS関数の引数は、SUMIFS関数の1つ目の引数の「合計対象範囲」がないだけで他はまったく同じです。ですから、SUMIFS関数で複数の条件を指定したように（レッスン47参照）、COUNTIFS関数でも複数の条件を指定できます。COUNTIFS関数で複数の条件を指定したいときには、3つ目、4つ目の引数に「条件範囲2」と「条件2」を指定しましょう。

レッスン 49 一覧表から条件に合うデータを探すには

VLOOKUP関数

指定した商品コードを、商品一覧から探して該当する商品名を表示したいというときにはVLOOKUP関数を使いましょう。レッスンではA列とB列の商品一覧から、セルD3に入力した商品コードに一致する商品名を抽出して、セルE3に表示しています。

検索・行列

指定した値に対応するデータを表示する

=**VLOOKUP**(検索値, 範囲, 列番号, 検索の型)
　　　　ブイルックアップ

VLOOKUP関数は、指定した値を対照表から探して、対応するデータを取得する関数です。検索値に入力した値を、範囲で指定したセル範囲の一番左の列から探して、一致した行があれば、その行の列番号で指定した列のデータを取得します。検索の型には、通常は完全一致検索をするFALSEを指定します。近似値検索をしたいときだけTRUEを指定しましょう。

引数

検索値	検索する値を指定します。
範囲	検索する値と目的の値が入力されている対照表を指定します。
列番号	範囲のうち、値を取得したい列を左から数えた番号で指定します。
検索の型	完全一致検索は「FALSE」、近似値検索は「TRUE」を指定します。

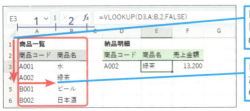

「検索値」で指定した「A002」をA列（=「範囲」の一番左の列）から探す

「列番号」に「2」を指定したのでB列（=A列から2列目）の「緑茶」を取得する

練習用ファイル ▶ L049_VLOOKUP.xlsx

使用例 商品コード「A002」に対応する商品名を表示する　セルE3の式

=VLOOKUP(D3, A:B, 2, FALSE)

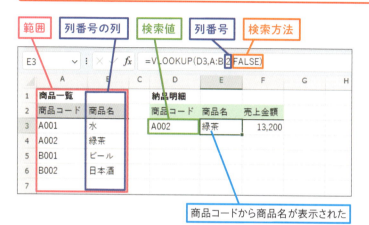

商品コードから商品名が表示された

ポイント

検索値	「A002」(セル D3) を、
範囲	商品一覧表 (A列〜 B列) の一番左から探して
列番号	対応する商品名 (2列目) を表示する
検索方法	完全一致検索 (FALSE)

1 セルD3のデータを「A001」に変更

2 Enter キーを押す

商品コード「A001」の商品である「水」が表示された

レッスン 50 VLOOKUP関数のエラーに対処するには

VLOOKUP関数のエラー対処 | 練習用ファイル 手順見出し参照

活用編 第8章 データ集計に必須！ビジネスで役立つ厳選関数

VLOOKUP関数を使うときには、引数の指定の仕方やデータの内容次第で「#REF!」「#N/A」など様々なエラーが発生しがちです。このレッスンでは、「範囲」が原因で起こる典型的なエラーの発生原因とその対策を紹介します。

1 「#REF!」エラーに対処する

L050_VLOOKUPエラー_01.xlsxを使用

「範囲」で指定した範囲を超える列を「列番号」に指定すると「#REF!」エラーが表示されます。次の例では、「範囲」がA～B列の2列分しかないのに、「列番号」に「3」を指定したため「#REF!」エラーが表示されました。このようなエラーを防ぐために「範囲」は、表全体を指定しておきましょう。

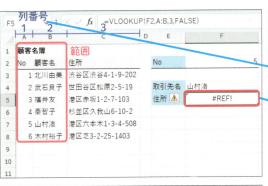

- 「範囲」がA～B列の2列分しか指定されてなく、「列番号」が「範囲」の外を指定している
- 「#REF!」エラーが表示された
- 「範囲」を「A:B」から「A:C」に修正した
- 「#REF!」エラーが表示されなくなった

2 「#N/A」エラーに対処する

L050_VLOOKUPエラー_02.xlsxを使用

「検索値」で入力した値が「範囲」の一番左の列に入っていないと検索ができず「#N/A」エラーが発生します。検索したい値が「範囲」の一番左に入るように「範囲」の一番左の列を調整しましょう。なお、「範囲」を変えると「列番号」も変わることに注意してください。

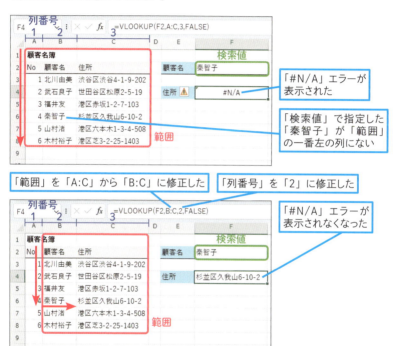

使いこなしのヒント

数式が正しくても「#N/A」エラーが出る場合もある

本文の例で、セルF2に存在しない顧客名「山田葵」を入力すると、数式が正しいにもかかわらず「#N/A」エラーが表示されます。

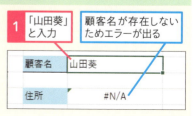

レッスン 51 条件によってセルに表示する内容を変更するには

IF関数

指定した条件に応じてセルの表示内容を変えたいときにはIF関数を使いましょう。IF関数を使うと、条件を満たしたときの表示内容と、条件を満たさなかったときの表示内容を指定することができます。

論理

条件に応じて表示する内容を変える

=**IF**(論理式, 真の場合, 偽の場合)

IF関数は、論理式に指定した条件が成り立つかどうかに応じて、表示する内容を変える関数です。論理式には、条件を判定したい数式や値を入力します。その条件が成り立っている場合には、真の場合に入力した数式や値を表示します。逆に、その条件が成り立たない場合には、偽の場合に入力した数式や値を表示します。

引数

- **論理式** 条件を指定します。
- **真の場合** 条件が成り立った場合に表示する値を指定します。
- **偽の場合** 条件が成り立たなかった場合に表示する値を指定します。

用語解説

論理式

論理式とは、条件に基づいて真(TRUE)または偽(FALSE)の結果を返す式のことをいいます。多くの場合、論理式として「=」「>」「>=」「<」「<=」「<>」の6つの記号を使った数式を入力します。なお、「<>」は「<」と「>」の2つの文字を続けて入力しています。

練習用ファイル ▶ L051_IF関数.xlsx

使用例 達成率が100%以上であれば「達成」と表示する セルF3の式

=IF(E3>=100%,"達成","")

- 論理式: E3>=100%
- 真の場合: "達成"
- 偽の場合: ""

	A	B	C	D	E	F
1	支店別売上一覧					(単位：千円)
2	支店	予算	実績	差額	達成率	達成
3	仙台支店	3,000	3,571	571	119%	達成
4	東京支店	13,500	13,331	-169	99%	
5	大阪支店	7,500	7,279	-221	97%	
6	福岡支店	3,000	4,374	1,374	146%	

ポイント

- **論理式** 予算達成率（セル E3）が100%以上
- **真の場合** 「達成」と表示する
- **偽の場合** 空欄を表示する

1. セルF3の右下にマウスポインターを合わせる
2. セルF6までドラッグ

予算を達成した仙台支店と福岡支店だけ、F列に「達成」と表示された

予算を達成できなかった支店のF列は、空欄のままで何も表示されない

レッスン 52 XLOOKUP関数で条件に合うデータを探すには

XLOOKUP関数

XLOOKUP関数は、VLOOKUP関数をより使いやすくした関数です。XLOOKUP関数を使うとIFERROR関数を使わずに#N/Aエラーを消すことができます。作成したブックをExcel 2019以前のアプリで開く可能性がないときに使いましょう。

検索・行列

指定した値に対応するデータを表示する

=**XLOOKUP**(検索値, 検索範囲, 戻り範囲, 見つからない場合, 一致モード, 検索モード)

XLOOKUP関数は、指定した値を検索範囲から探して、戻り範囲に指定した値から対応するデータを取得する関数です。用途はVLOOKUP関数とほとんど同じですが、VLOOKUP関数よりも直観的・簡単に使うことができ、検索するときの挙動を細かく指定できます。

引数

検索値	検索する値を指定します。
検索範囲	検索値を探すセル範囲を指定します。
戻り範囲	検索値が検索範囲に見つかった場合に表示する値をセル範囲で指定します。
見つからない場合	検索値が検索範囲になかった場合に表示する値を指定します(省略可)。
一致モード	一致したと判断する条件を0、-1、1の中から指定します(省略可)。
検索モード	検索する方向を1、-1、2、-2の中から指定します(省略可)。

● 引数「一致モード」の指定値

指定値	説明
0（または省略時）	完全一致
-1	完全一致または次に小さい項目
1	完全一致または次に大きい項目

練習用ファイル ▶ L052_XLOOKUP関数.xlsx

使用例 コード「B001」に対応する商品名を表示する　セルF2の式

=XLOOKUP(E2, A:A, C:C)

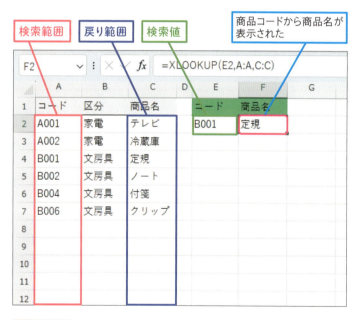

ポイント

検索値	「B001」（セル E2）を、
検索範囲	商品コード列（A列）から探して
戻り範囲	対応する商品名（C列）の値を表示する

レッスン 53 名字と名前を分離するには

TEXTSPLIT関数

Excel 2024から導入されたTEXTSPLIT関数を使うと、指定した文字で分割した分割結果の値を取得できます。氏名を姓と名に分割したり、ハイフン区切りの製品コードをハイフンごとに分割するなど、従来は手間が掛かった処理が簡単にできるようになります。

文字列操作
区切り文字で分割した値を取得する

=**TEXTSPLIT**(文字列, 列区切り文字, 行区切り文字, 空欄を無視, 照合方法, 規定値)
（テキストスプリット）

TEXTSPLIT関数は、指定した文字列を、指定した列区切り文字と行区切り文字で分割した値を取得する関数です。区切った結果空欄があった場合に、空欄のまま表示するか、空欄を詰めて表示するかは［空欄を無視］で指定します。また、大文字・小文字を区別するかどうかを［照合方法］で指定します。

引数

引数	説明
文字列	分割したい文字列やセルを指定します。
列区切り文字	この文字を列の区切りとして使って、文字列を分割します。
行区切り文字	この文字を行の区切りとして使って、文字列を分割します。
空欄を無視	空欄をそのままセルに表示する場合は「FALSE」（省略可）、空欄は詰めて表示する場合は「TRUE」を指定します。
照合方法	列・行の区切り文字を探すときに大文字と小文字を区別する場合は「0」（省略可）、大文字と小文字を区別しない場合は「1」を指定します。
既定値	値が存在しないセルに表示する文字を指定します（省略可）。省略した場合は「#N/A」が表示されます。

練習用ファイル ▶ L053_TEXTSPLIT関数.xlsx

使用例 氏名を空白スペースで分割する

セルC2の式

=TEXTSPLIT(B2," ")

文字列 → B2
列区切り文字 → " "

	A	B	C	D
1	氏名	ふりがな	名字	名前
2	金山 俊介	かなやま しゅんすけ	金山	俊介
3	五十嵐 隆	いがらし たかし	五十嵐	隆
4	中森 英雄	なかもり ひでお	中森	英雄
5	乾 まなみ	いぬい まなみ	乾	まなみ
6	川上 明	かわかみ あきら	川上	明
7	森 一	もり はじめ	森	一

セルC2の数式: =TEXTSPLIT(A2," ")

ポイント

文字列	「金山俊介」（セル A2）を、
列区切り文字	空白を列の区切り文字として使って分割する
行区切り文字	行の区切り文字は未設定
空欄を無視	空欄をそのままセルに表示（FALSE）して
照合方法	大文字と小文字を区別（0）する
既定値	値が存在しないセルには「#N/A」を表示する

使いこなしのヒント

姓・名のどちらかだけを取り出す

姓だけを取り出したいときにはTEXTBEFORE関数、名だけを取り出したいときにはTEXTAFTER関数を使いましょう。セルC2に「=TEXTBEFORE(B2," ")」と入力後、その数式をコピーしてセルC3〜C7に貼り付けると姓だけを抽出できます。同様に、セルD2に「=TEXTAFTER(B2," ")」と入力後、その数式をコピーしてセルD3〜D7に貼り付けると、名だけを抽出できます。

レッスン 54 複数のシートに分かれた表を結合するには

VSTACK関数

Excel 2024から導入されたVSTACK関数を使うと、複数のセル範囲を縦方向に結合できます。例えば、同じレイアウトの表を月ごとに分けて作成した場合、VSTACK関数で1つの表にまとめればSUMIFS関数やピボットテーブルで効率よく集計できるようになります。

検索・行列

複数の表を縦に結合する

=**VSTACK**(配列1, 配列2, …)
（ブイスタック）

指定したセル範囲や配列を縦方向に結合する関数です。結合したいセル範囲や配列が3つ以上ある場合も、カンマで区切って指定できます。

引数

配列 結合したいセル範囲や配列を指定します。

練習用ファイル ▶ L054_VSTACK関数.xlsx

使用例　1月と2月のデータを縦に結合する　　セルG2の式

=**VSTACK**(A2:B4, D2:E5)

セルA2～B4、セルD2～E5のデータが縦に結合される

ポイント

配列1	A2:B4 と
配列2	D2:E5 を縦に結合する

練習用ファイル ▶ L054_VSTACK_串刺し集計.xlsx

使用例 1月から3月の表を縦に結合する　　　セルA2の式

=VSTACK('1月:3月 '!A2:B4)

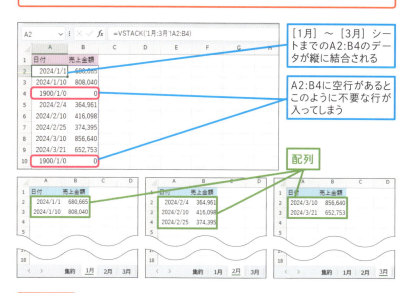

[1月]～[3月]シートまでのA2:B4のデータが縦に結合される

A2:B4に空行があるとこのように不要な行が入ってしまう

配列

ポイント

配列	[1月]～[3月]シートまでの A2:B4 を縦に結合する

使いこなしのヒント

VSTACK関数で処理する行数の上限

VSTACK関数で、結合したセルの行数が1,048,576行を超えると#NUM!エラーが出るので注意してください。例えば、「=VSTACK(A:A,B:B)」のように引数で列全体を指定すると、「A:A」が1,048,576行、「B:B」が1,048,576行で、合計すると2,097,152行と上限を超えるためエラーになります。

スキルアップ

IFERROR関数でエラーを表示しないようにするには

VLOOKUP関数の「検索値」に空欄のセルを指定していると「#N/A」エラーが発生します。請求書などのひな型にあらかじめVLOOKUP関数を入力しておく場合にはIFERROR関数を使って「#N/A」エラーが表示されないようにしましょう。数式内で「""」のようにダブルクォーテーションを2つ連続入力すると、空欄を表すことができます。

対応する商品名が存在しない場合に空欄を表示する（セルE3の式）

=IFERROR(VLOOKUP(D3,A:B,2,FALSE),"")

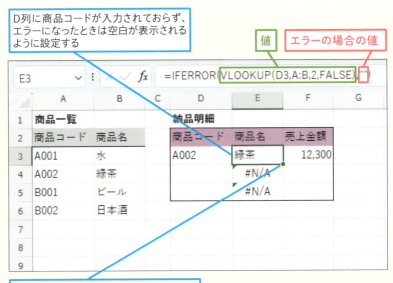

ポイント

値	VLOOKUP(D3,A:B,2,FALSE) の結果を表示する
エラーの場合の値	エラーが発生したときは空欄を表示する

活用編

第9章

大量のデータも効率よく。データを素早く可視化する

この章では、条件付き書式とピボットテーブルの機能を使って、データを素早く可視化・集計する方法を解説します。データの中で注目すべき点を色分けしたり、簡単な操作で集計表を作成したりすることが可能です。視覚的にわかりやすく表示したいときや、データを分析するときに使いましょう。

レッスン 55 特定の文字が入力されたセルを強調表示する

条件付き書式　　　練習用ファイル　L055_条件付き書式.xlsx

特定の文字が入力されたセルだけを強調表示したいときには、条件付き書式を使いましょう。通常の書式設定と同じように、背景、文字色や罫線などの設定ができます。条件には、指定した文字で始まる、指定した文字を含む場合など複雑な条件も指定できます。

特定の文字を含むセルを強調表示する

Before：特定の文字が含まれるセルを強調表示したい

After：指定した条件に応じて、セルを強調表示できた

1 指定した文字を含むセルを強調表示する

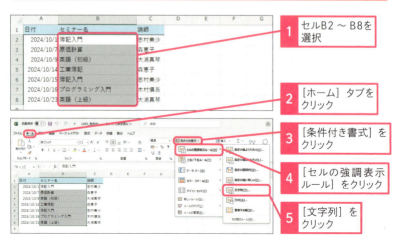

1. セルB2～B8を選択
2. [ホーム] タブをクリック
3. [条件付き書式] をクリック
4. [セルの強調表示ルール] をクリック
5. [文字列] をクリック

● 強調する文字を指定する

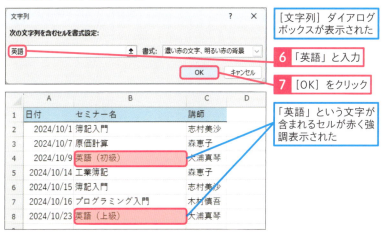

2 特定の文字から始まるセルを強調表示する

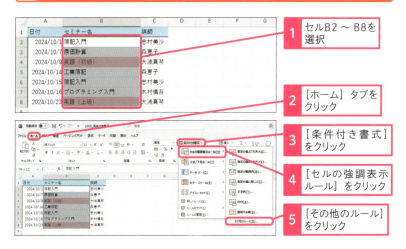

用語解説

条件付き書式

条件付き書式とは、指定した条件に応じてセルの書式を変える機能です。例えば、条件に応じて、フォントの色・背景色や罫線などを変更したり、アイコンを表示したりすることができます。

● 条件を指定する

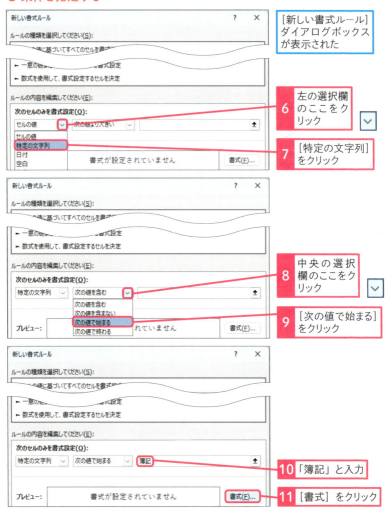

使いこなしのヒント

指定した文字列に完全一致するセルを検索する

指定した文字列に完全一致するセルを検索したいときには、リボンから[ホーム]-[条件付き書式]-[セルの強調表示ルール]-[指定の値に等しい]をクリックして、検索したい値を入力してください。

● 塗りつぶす色を選択する

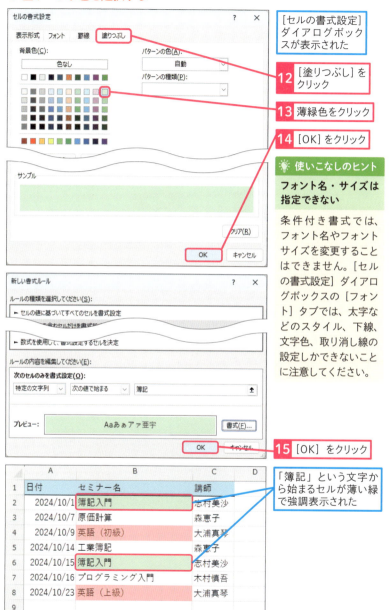

レッスン 56 セルにミニグラフを表示する

動画で見る

データバー　　練習用ファイル L056_データバー.xlsx

割合を表示するときに、第7章で紹介したグラフ機能を使う代わりに、条件付き書式のデータバーを使うとセル内にグラフを入れられます。表の形のままでグラフを挿入できるので、多くの数値が並んでいる表を見やすく整えるのに便利です。

活用編 第9章 大量のデータも効率よく。データを素早く可視化する

データバーで数値の大小を視覚化する

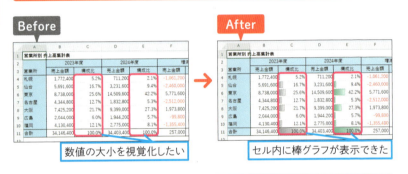

Before / After
数値の大小を視覚化したい
セル内に棒グラフが表示できた

1 構成比のデータにデータバーを表示する

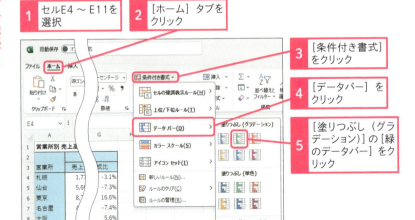

1 セルE4～E11を選択
2 [ホーム]タブをクリック
3 [条件付き書式]をクリック
4 [データバー]をクリック
5 [塗りつぶし(グラデーション)]の[緑のデータバー]をクリック

176 できる

● セル内にグラフが表示された

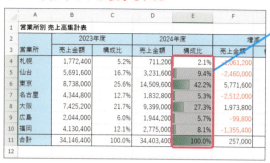

セルE4～E11にデータバーが表示された

2 個別に色を指定してデータバーを表示する

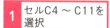

1. セルC4～C11を選択
2. [ホーム] タブをクリック

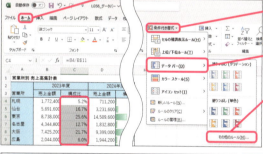

3. [条件付き書式] をクリック
4. [データバー] をクリック
5. [その他のルール] をクリック

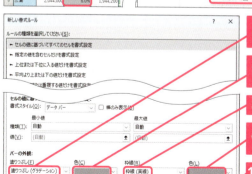

6. [塗りつぶし（グラデーション）] を選択
7. [白、背景1、黒 + 基本色35%] を選択
8. [枠線（実線）] を選択
9. [白、背景1、黒 + 基本色35%] を選択
10. [OK] をクリック

セルC4～C11にデータバーが表示される

レッスン
57 条件付き書式を編集・削除するには

ルールの管理 | 練習用ファイル L057_ルールの管理.xlsx

条件付き書式のルールのクリアの操作をすると、設定されたすべての条件付き書式を削除できます。条件付き書式を編集したり、複数の条件付き書式の一部の条件付き書式だけを削除したりするときには、ルールの管理から個別に設定しましょう。

条件付き書式で設定したルールを管理する

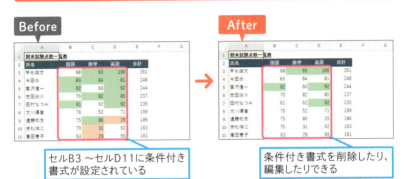

セルB3〜セルD11に条件付き書式が設定されている

条件付き書式を削除したり、編集したりできる

1 選択した範囲の条件付き書式を削除する

1 セルB3〜セルD11を選択

● ルールを削除する

2 [ホーム] タブをクリック
3 [条件付き書式] をクリック
4 [ルールのクリア] をクリック
5 [選択したセルからルールをクリア] をクリック

	A	B	C	D	E
1	期末試験点数一覧表				
2	氏名	国語	数学	英語	合計
3	末永雄太	68	93	100	261
4	今田杏	83	84	81	248
5	宮沢信一	92	60	92	244
6	志田俊介	70	82	85	237
7	田村なつみ	81	62	92	235
8	太川優香	76	52	71	199
9	遠藤和友	75	86	25	186
10	赤松博之	70	31	62	163
11	高田恵子	63	29	69	161

セルB3～セルD11の条件付き書式がすべて削除された

2 一部の条件付き書式だけを削除する

[元に戻す] をクリックして手順1の操作を取り消しておく

1 セルB3～セルD11を選択
2 [ホーム] タブをクリック
3 [条件付き書式] をクリック
4 [ルールの管理] をクリック

次のページに続く➡

●[条件付き書式ルールの管理]ダイアログボックスが表示された

5 1行目のルールをクリック

6 [ルールの削除]をクリック

1行目にあったルールが削除された

7 [OK]をクリック

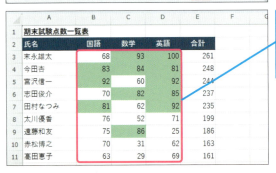

セルB3〜セルD11の「40点未満であれば背景色を薄赤色」の条件付き書式が削除された

3 条件付き書式を編集する

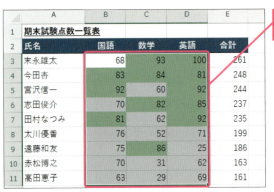

1 セルB3〜セルD11を選択

● 条件を編集する

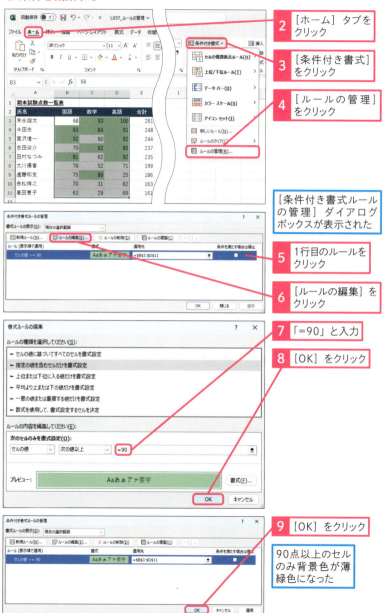

レッスン 58 表をテーブルにして集計作業の効率を上げよう

テーブル　　　　　練習用ファイル　L058_テーブル.xlsx

テーブルとはExcelで作った表を効率よく処理するための機能です。特に、1行に1データが入力された形の大量のデータを扱うときに非常に有用です。表の中のセルを選択してテーブルに変換する操作をすると、通常の表をテーブルに変換できます。

1 通常の表をテーブルにする

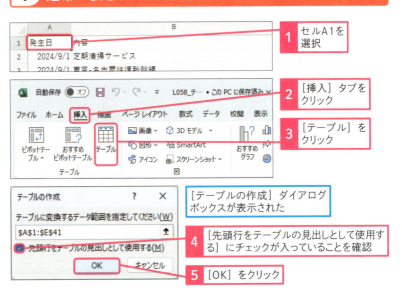

1. セルA1を選択
2. [挿入]タブをクリック
3. [テーブル]をクリック

[テーブルの作成]ダイアログボックスが表示された

4. [先頭行をテーブルの見出しとして使用する]にチェックが入っていることを確認
5. [OK]をクリック

🔍 用語解説

テーブル

1行に1件のデータが入力されたデータベース形式の表のこと、またExcelで作った表を効率よく処理するための機能のことを指します。表をテーブルに変換すると、フィルターボタンが表示され、一番上の行に入力した数式が自動的に最下部まで転記されます。また、数式からテーブル内のセルを参照するときにテーブル名や列名で参照先セルを指定できるようになります。

● **テーブルに変換された**

2 テーブル名を変更する

1 [テーブルデザイン] タブをクリック

2 [テーブル名] に「経費一覧」と入力

テーブル名が「経費一覧」になった

3 テーブルを通常の表に戻す

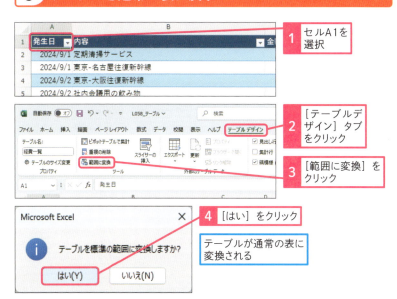

1 セルA1を選択

2 [テーブルデザイン] タブをクリック

3 [範囲に変換] をクリック

4 [はい] をクリック

テーブルが通常の表に変換される

レッスン 59 テーブルに数式を入力するには

テーブルの数式 練習用ファイル L059_テーブルの数式.xlsx

テーブルには数式を使いやすくする様々な機能があります。テーブルの最初の行に数式を入れると自動的に最後の行まで数式が入力されます。また、テーブル内のセルを参照するときには、テーブル名や列名を使って指定でき、見やすい数式が書けます。

1 同じ行を参照する数式を入力する

● 数式を入力する

「[@単価]」と入力された

7 Enter キーを押す

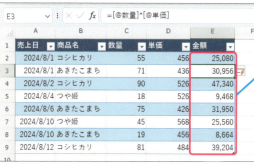

セルE2～E9に数式が入力された

💡 使いこなしのヒント

「構造化参照」について知ろう

数式で、テーブル内のセルを参照するときには、テーブル名や列名を使って参照するセルを指定できます。この方法を構造化参照といいます。構造化参照で指定できるセルやセル範囲をマウスで選択すると、自動的に構造化参照の構文を使って数式が入力されるので、構造化参照の構文を手で入力する必要はありません。逆に、テーブル内のセルへの参照を書くときには、他の行への参照などの構造化参照以外の参照を使うのは避けましょう。同じテーブル内に数式を入力したときには、【テーブル名】の部分は省略される場合もあります。

区分	構文	例	例の意味
列見出し	【テーブル名】[[#見出し],[【列名】]]	売上[[#見出し],[数量]]	売上テーブルの数量列の見出し行
列の集計行	【テーブル名】[[#集計],[【列名】]]	売上[[#集計],[数量]]	売上テーブルの数量列の集計行
指定した列の同じ行	【テーブル名】[@【列名】]	売上[@数量]	売上テーブルの数量列（の同じ行）
指定した列全体	【テーブル名】[【列名】]	売上[数量]	売上テーブルの数量列全体

2 テーブル内の金額を集計する

1. セルH2に「=SUMIFS(」と入力
2. セルE2～E9をドラッグ

「売上[金額]」と入力された

3. 「,」と入力
4. セルB2～B9をドラッグ

「売上[商品名]」と入力された

使いこなしのヒント

テーブルの色を変更するには

テーブルのデザインを変更したいときには、リボンの[テーブルデザイン]タブ-[テーブルスタイル]から好きなデザインを選びましょう。右下の(▽)アイコンをクリックすると、準備されているすべてのスタイルが表示されます。

[テーブルデザイン]タブの[テーブルスタイル]で変更できる

● 数式の続きを入力する

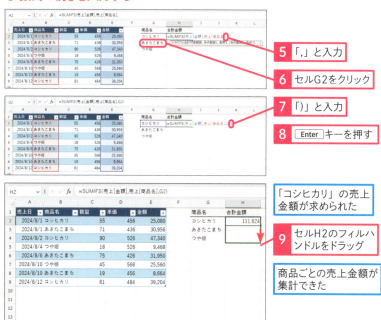

5 「,」と入力
6 セルG2をクリック
7 「)」と入力
8 Enter キーを押す

「コシヒカリ」の売上金額が求められた

9 セルH2のフィルハンドルをドラッグ

商品ごとの売上金額が集計できた

使いこなしのヒント

構造化参照を使った数式を修正するには

「[@単価]」などの構造化参照が使われている数式を修正する方法も、通常の数式を修正するときと同じです。数式内の修正したい箇所を削除して入力しなおしましょう。

使いこなしのヒント

テーブルに適した表って?

テーブルに適しているのは、1行に1データが入力された形の表です。このような表の例としては、売上明細や在庫移動明細など1行ごとに1件の取引が入力されたデータや、取引先一覧表や商品一覧表など、1行ごとに1件の情報が入力されたデータなどがあります。

区分	例	内容
取引データ	売上明細、在庫移動明細	1行ごとに1件の取引が入力されたデータ
一覧表データ	取引先一覧表、商品一覧表	1行ごとに1件の情報が入力されたデータ

レッスン 60 ピボットテーブルを作るには

ピボットテーブル 　　**練習用ファイル** L060_ピボットテーブル.xlsx

ピボットテーブルを使うと、マウス操作で簡単に集計表を作成できます。さらに、集計の切り口を簡単に切り替えられる、ダブルクリックで集計元の明細に遡れるなどのピボットテーブル独自の機能もあります。

ピボットテーブルとは

ピボットテーブルとは、1行に1データの形式で入力された大量のデータを簡単に集計・分析するためのツールで、関数を使わずにマウス操作だけで使えます。例えば、ピボットテーブルを使うと、売上明細のデータから、取引先ごとや商品ごとの売上金額を集計できます。ピボットテーブルには、ドリルダウンやドリルスルーという機能があり、集計結果が表示されているセルをダブルクリックすると、より細かい情報に遡ることができ、最終的に集計元の明細も表示できます。

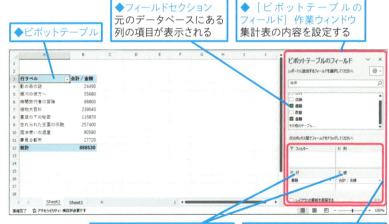

◆ピボットテーブル

◆フィールドセクション
元のデータベースにある列の項目が表示される

◆［ピボットテーブルのフィールド］作業ウィンドウ
集計表の内容を設定する

◆エリア
ピボットテーブルの列、行などにフィールドを追加する

◆レイアウトセクション
配置されたフィールドをピボットテーブルに反映する

1 ピボットテーブルを挿入する

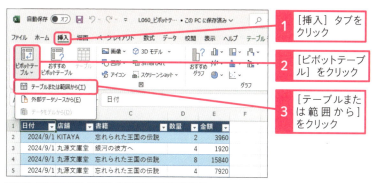

1 [挿入] タブをクリック
2 [ピボットテーブル] をクリック
3 [テーブルまたは範囲から] をクリック

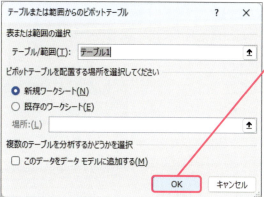

[テーブルまたは範囲からのピボットテーブル] 画面が表示された

4 [OK] をクリック

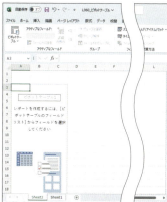

新しいシートが追加された

[ピボットテーブルのフィールド] 作業ウィンドウが表示された

次のページに続く →

2 フィールドを設定する

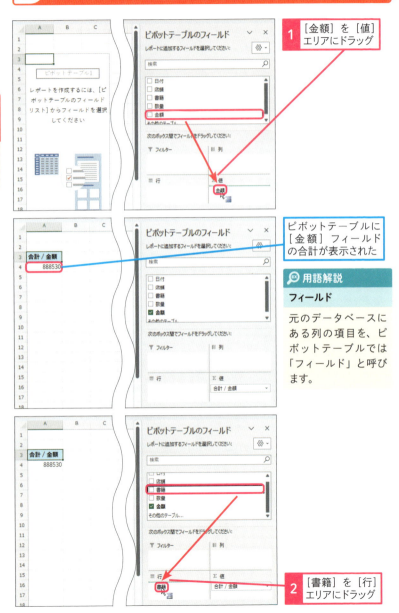

活用編 第9章 大量のデータも効率よく。データを素早く可視化する

190 できる

● [書籍] フィールドが追加された

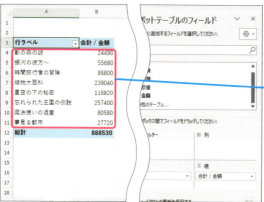

行ラベルに [書籍] フィールドが追加された

書籍ごとの売上金額が集計された表になった

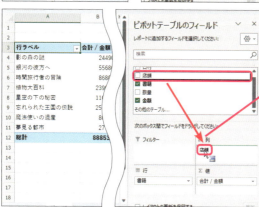

3 [店舗] を [列] エリアにドラッグ

	A	B	C	D	E
1					
2					
3	合計 / 金額	列ラベル			
4	行ラベル	KITAYA	リブレット	丸源文庫堂	総計
5	影の森の謎	2370	10270	11850	24490
6	銀河の彼方へ	10080	24960	20640	55680
7	時間旅行者の冒険	19840	49600	17360	86800
8	植物大百科	54780	169320	14940	239040
9	星空の下の秘密	41580	39600	35640	116820
10	忘れられた王国の伝説	85140	93060	79200	257400
11	魔法使いの遺産	18960	30810	30810	80580
12	夢見る都市	12870	2970	11880	27720
13	総計	245620	420590	222320	888530
14					
15					

書籍別に各店舗ごとの売上金額が集計された表になった

レッスン 61 ピボットテーブルを更新するには

データの更新　　　**練習用ファイル** L061_データの更新.xlsx

関数で集計表を作るときとは違い、元データの修正をピボットテーブルに反映させるには更新処理が必要です。更新処理がもれると、ピボットテーブルが最新の状態にならないので注意してください。

1 元データを更新する

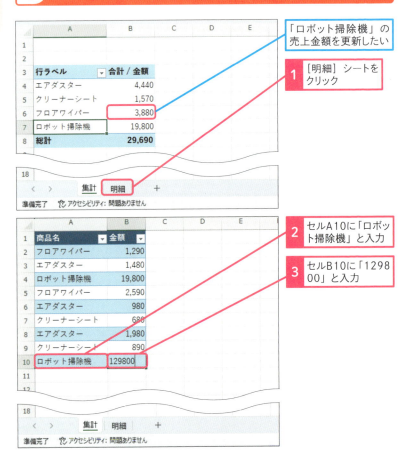

2 ピボットテーブルを更新する

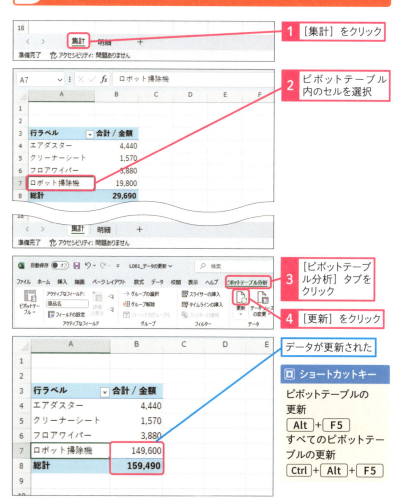

1 [集計] をクリック
2 ピボットテーブル内のセルを選択
3 [ピボットテーブル分析] タブをクリック
4 [更新] をクリック

データが更新された

ショートカットキー

ピボットテーブルの更新
[Alt]+[F5]
すべてのピボットテーブルの更新
[Ctrl]+[Alt]+[F5]

時短ワザ

ピボットテーブル内部のセルを右クリックする

ピボットテーブル内部のセルで右クリックをして表示されたメニューから[更新]をクリックしても更新できます。本文の例だとセルA3～B8の、どのセルで右クリックしても構いません。

スキルアップ

フィールドの集計方法を変更するには

ピボットテーブルを使うと、条件に該当するデータの件数を集計できます。[値フィールドの設定]からは、合計や個数の他、平均、最大値、最小値や、標準偏差、分散などを計算するように指定できます。

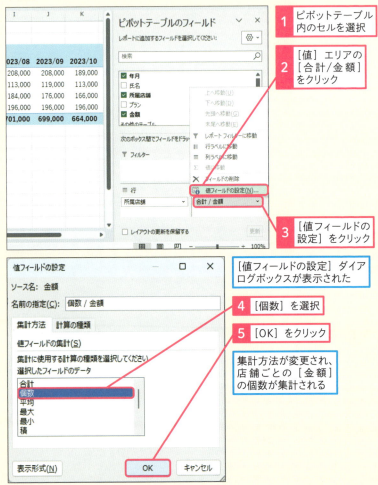

活用編

第10章

外部ファイルや
データ共有に役立つ
便利ワザ

この章では、他の人とファイルを共有するときに便利な機能の他、オンラインストレージであるOneDriveを使う方法や外部のCSVファイルを取り込む方法などを紹介します。

レッスン 62 シートを非表示・再表示するには

シートの非表示・再表示　　　練習用ファイル　L062_シートの表示.xlsx

見る必要がないシート・他の人に見せたくないシートは表示しないようにすることができます。簡単に再表示できるので、情報を秘匿する用途ではなく、誤操作を防いだり操作感を良くする目的で使いましょう。

一部のシートを非表示にする

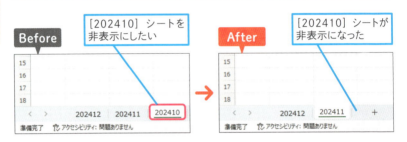

1 シートを非表示にする

2 非表示にしたシートを再表示する

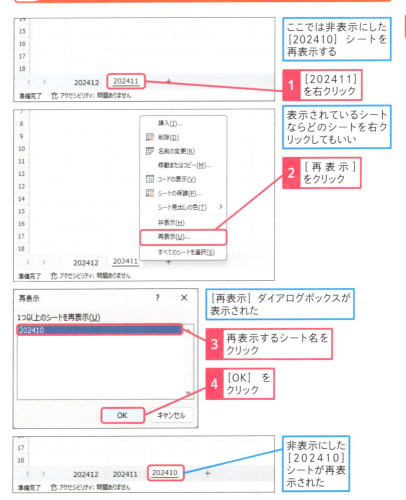

使いこなしのヒント

複数のシートをまとめて非表示にするには

Ctrlキーを押しながらシート名をクリックすると複数のシートを選択できます。そのまま手順1の操作を行うと、選択したシートをすべて非表示にすることができます。

レッスン 63 OneDriveに保存するには

OneDrive　　**練習用ファイル** L063_OneDrive.xlsx

OneDriveを使うと、自分の複数のパソコンでファイルの同期を取ったり、他の人とファイルを共有したりできます。Excelブックの自動保存の機能やMicrosoft 365 Copilotを使うには、OneDriveにファイルを保存することが前提になります。

OneDriveについて知ろう

OneDriveはMicrosoftが提供しているオンラインストレージサービスで、ファイルをインターネット上に保管できるサービスです。自分の複数のパソコンでファイルの同期を取ったり、他の人とファイルを共有したりできます。ExcelでOneDriveにサインインしておくと、Excelから直接OneDriveのデータを開いたり保存したりできるようになります。

OneDriveの無償版を使う場合には追加費用は掛かりません。ただし、無償版では容量が5ギガバイトしか使えないので、多くのファイルを格納しようとすると容量が不足しがちです。特に、無償版を使う場合には、必要なファイルだけをOneDriveに置くように設定をしておきましょう。

OneDriveに保存すると、他のパソコンからアクセスしたり、他の人とファイルを共有したりできる

OneDriveに保存したブックはExcelで編集できる

1 OneDriveにファイルを保存する

1 [ファイル] タブをクリック

2 [名前を付けて保存] をクリック

3 [OneDrive - 個人用] をダブルクリック

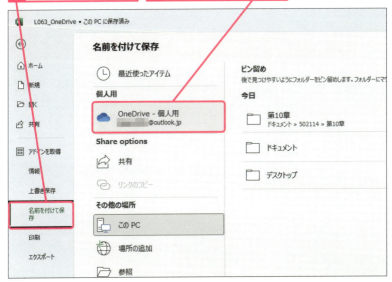

💡 使いこなしのヒント

設定状況によりメニューが変わる

ファイルを開いたり保存したりするときの画面はOneDriveやパソコンの設定状況によって変わります。例えば、[OneDrive-個人用] の代わりに [OneDrive-（会社名）] と表示される場合があります。また、名前を付けて保存で [OneDrive-個人用] をクリックしたときに、右側にOneDriveのデータ一覧が表示される場合もあります。

● 保存先を指定する

[名前を付けて保存] ダイアログボックスが表示された

4 [保存] をクリック

OneDriveに保存される

2 OneDriveのファイルを開く

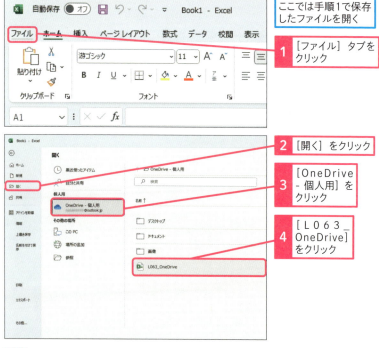

ここでは手順1で保存したファイルを開く

1 [ファイル] タブをクリック

2 [開く] をクリック

3 [OneDrive - 個人用] をクリック

4 [L063_OneDrive] をクリック

● OneDrive上のファイルが表示された

3 OneDriveにあるブックを編集する

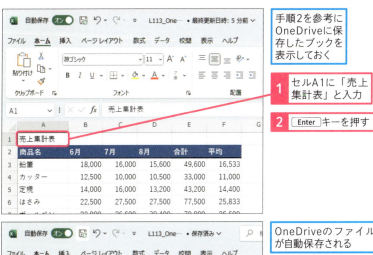

レッスン 64 CSV形式のファイルを読み込むには

CSV形式　　　　　　　　　　　　　　　練習用ファイル　L064_CSV形式.csv

CSVファイルをExcelから直接開くと、データが壊れてしまう場合もあります。データを壊さずに読み込むために、Windowsに標準でインストールされている[メモ帳]アプリを経由してExcelに取り込むようにしましょう。

CSV形式のファイルを読み込む際の注意点

CSVファイルをダブルクリックして、確認画面で[変換しない]をクリックするとCSVファイルをExcelで開けます。ただし、「1-2-3」「1/2」などのデータが読み込み時に変化してしまい、正しく読み込めません。すべてのデータを正しく読み込みたいときには、CSVファイルをメモ帳経由で開くようにしましょう。

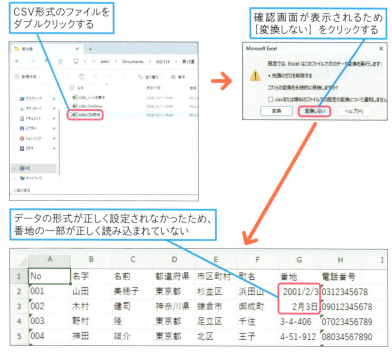

1 CSVファイルをメモ帳で開く

エクスプローラーでCSVファイルを表示しておく

1 ファイルを右クリック

2 [プログラムから開く]をクリック

3 [メモ帳]をクリック

メモ帳が起動してファイルの内容が表示された

4 Ctrl + A キーを押す

5 Ctrl + C キーを押す

メモ帳の内容がクリップボードにコピーされた

用語解説

CSV

CSVとはComma Separated Valueの略で、カンマで区切られた文字データのことをいいます。CSVが記録されたファイルをCSVファイルと呼びます。

用語解説

拡張子

拡張子とはファイル名末尾の「.」以降の文字をいいます。拡張子は、ファイルをどのアプリで開くかの識別(関連付け)に使います。

2 区切り位置指定ウィザードを起動する

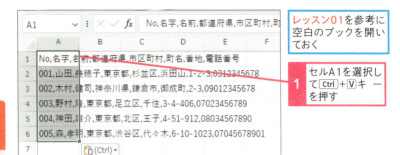

レッスン01を参考に空白のブックを開いておく

1 セルA1を選択して [Ctrl]+[V]キーを押す

A列にすべてのデータが貼り付けられた

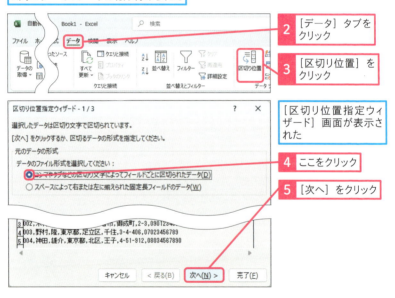

2 [データ] タブをクリック

3 [区切り位置] をクリック

[区切り位置指定ウィザード] 画面が表示された

4 ここをクリック

5 [次へ] をクリック

使いこなしのヒント

Excelに関連付けられる拡張子について

Excelをインストールしているパソコンでは、「.xlsx」「.csv」などの拡張子を持つファイルは、自動的にExcelに関連付けされます。このため、ファイルをダブルクリックするとExcelが起動します。また、Excelで作成したファイルには「.xlsx」という拡張子が付けられます。

3 データ形式を選択する

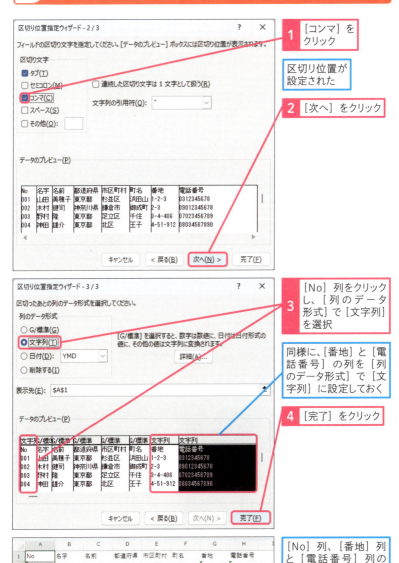

スキルアップ

ブックにパスワードを設定するには

Excelブックの保護機能を使うと、権限のない人がファイルを開けないようにしたり、誤操作によりファイルを壊しにくくなるように設定できます。パスワードを解除するにはパスワードを設定する画面で、パスワードの入力欄を空欄にすると、パスワードを解除できます。

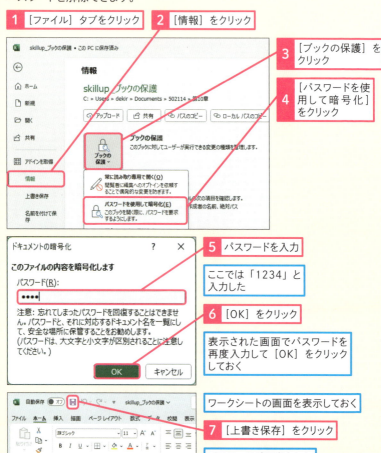

活用編

第11章

生成AIで時短！表やグラフを瞬時に生成する

この章では、WindowsやExcelのCopilotを使ってExcel作業を効率化する方法を紹介します。Excelについて質問したり、Excelの数式を入力する作業の手伝いをしてもらったりしましょう。

レッスン
65 Microsoft Copilotで関数の使い方を調べる

動画で見る

Copilot　　　　　　　　　　　　　　練習用ファイル　L065_Copilot.xlsx

Copilotは、ChatGPTでも使われているOpenAIの技術を使ったAIモデルで、WindowsやExcelから使うことができます。まずは、Microsoft Copilotを使ってみましょう。

活用編　第11章　生成AIで時短！表やグラフを瞬時に生成する

1 Excel関数の数式を教えてもらう

質問例

> 列A～Cに売上明細があります。セルF2に、セルE2に入力している取引先について、売上明細の売上金額を集計した合計を表示する数式を教えてください。SUMIFS関数を使って計算してください。

練習用ファイルを開いておく

1. [Copilot]をクリック
2. 上記の質問を入力
3. 練習用ファイルを表示
4. ⊞ + [Print Screen]キーを押す

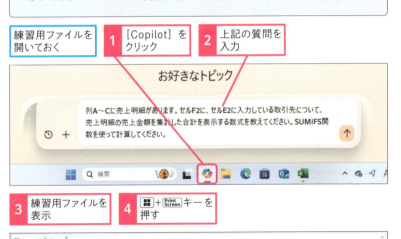

● スクリーンショットをアップロードする

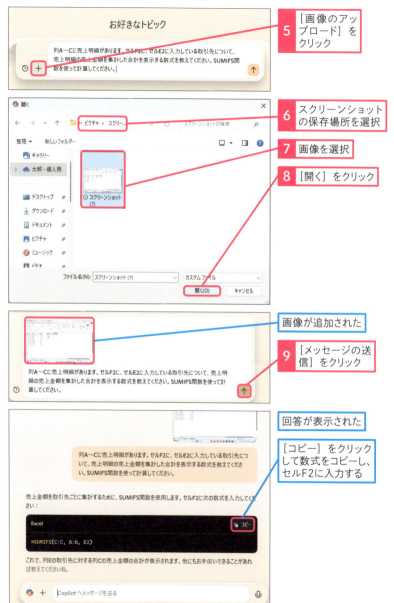

レッスン 66 ExcelでCopilotを使ってみよう

Microsoft 365のCopilot　　**練習用ファイル** L066_Microsoft365のCopilot.xlsx

Excelを含むOffice製品でも、Copilotに作業を手伝ってもらうことができます。Copilotを使うためには、Microsoft 365の契約をしたうえでCopilotを使うライセンスを契約する必要があります。

1 自動保存を有効にする

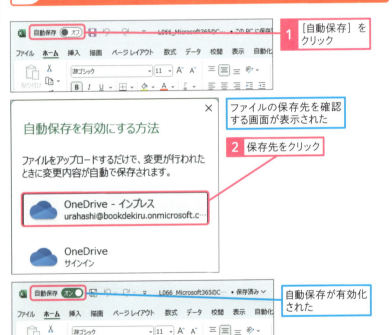

使いこなしのヒント

Copilotを使うには自動保存が必要

Excelの中からCopilotを使うためには、ExcelファイルをあらかじめOneDriveに保存して自動保存の対象にする必要があることに注意してください。

2 目立たせたいデータを指示して強調表示する

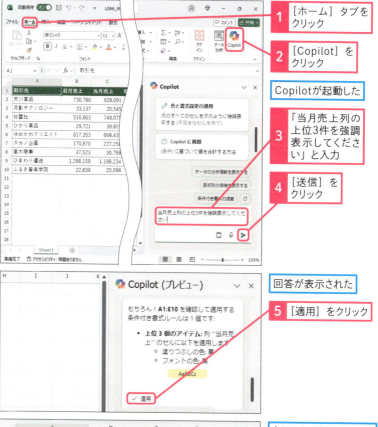

1 [ホーム] タブをクリック
2 [Copilot] をクリック

Copilotが起動した

3 「当月売上列の上位3件を強調表示してください」と入力

4 [送信] をクリック

回答が表示された

5 [適用] をクリック

[当月売上] 列の上位3件が強調表示された

レッスン 67 Copilotで表に列を追加する

列の追加　　　　　**練習用ファイル** L067_列の追加.xlsx

Copilotに列を追加するよう指示すると、具体的な数式を考えて列を追加してくれます。表内の他の列を参照するような数式を入れられるだけでなく、他の表の値をXLOOKUP関数で参照するような数式も入れられます。

1 追加したい列を指示して列を挿入する

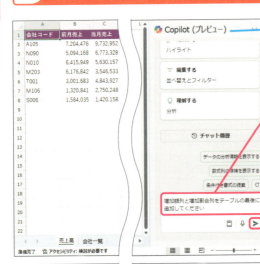

2 別シートのデータを使った列を挿入する

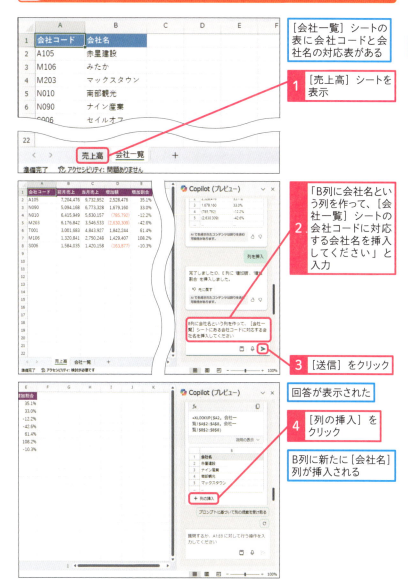

レッスン 68 表のデータを集計してグラフを作る

動画で見る

グラフの追加　　　　　練習用ファイル　L068_グラフの追加.xlsx

Copilotを使うと表のデータをピボットテーブルで集計をして、それをグラフで表示できます。意図通りのグラフを作りたいときには、集計の切り口、グラフの種類、縦軸・横軸をどうするかなど、できるだけ具体的に指示を出しましょう。

1 月別・商品別に金額を集計してグラフを作る

Copilotのパネルを表示しておく

1. 「日付に基づき、年月列を追加してください。年と月を合わせて「yyyymm」形式で1つのセルに入れてください」と入力

2. [送信] をクリック

3. [列の挿入] をクリック

[年月] 列が挿入される

第11章　生成AIで時短！　表やグラフを瞬時に生成する

214　できる

● グラフを挿入する

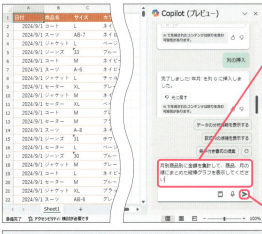

4 「月別商品別に金額を集計して、商品、月の順にまとめた縦棒グラフを表示してください」と入力

68 グラフの追加

5 [送信] をクリック

6 [新しいシートに追加] をクリック

シートが追加されピボットテーブルとピボットグラフが挿入された

スキルアップ

グラフを提案してもらい一覧で表示する

Copilotを使うと、どのような分析ができるかを提案してもらうことができます。手元のデータを、どう分析すればいいか、切り口を考えるための参考に活用しましょう。実際に、どのグラフを使うかを決めたら、そのグラフをコピー・貼り付けしたうえで、必要に応じて手作業で微調整をしましょう。

Copilotのパネルを表示しておく

1 「このデータを分析してわかることを教えてください。」と入力

2 [送信]をクリック

回答が表示された

3 [すべての分析情報をグリッドに追加する]をクリック

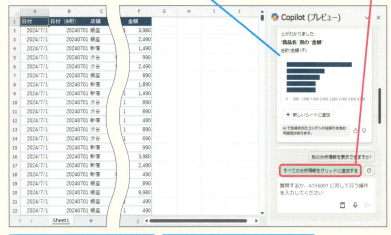

ボタンが表示されていない場合は、「すべての分析情報をグリッドに追加する」と入力する

別シートに複数のグラフとその元データのピボットテーブルが追加される

付録 ショートカットキー一覧

Excelでよく使うショートカットキーを一覧の表にしました。キーボードで操作すると素早く入力できますので、ぜひ覚えましょう。

●ブックの操作

操作	キー
[印刷] 画面の表示	Ctrl + P
上書き保存	Shift + F12 / Ctrl + S
名前を付けて保存	F12
[ファイル] 画面を表示	Alt + F
[ファイルを開く] を表示	Ctrl + F12
ブックの新規作成	Ctrl + N
ブックを閉じる	Ctrl + F4 / Ctrl + W
ブックを開く	Ctrl + O

●行や列の操作

操作	キー
行全体を選択	Shift + space
行の非表示	Ctrl + 9
非表示の行を再表示	Ctrl + Shift + 9
列全体を選択	Ctrl + space
列の非表示	Ctrl + 0

●セルやワークシートの移動

操作	キー
1画面スクロール	Page Down (下) / Page Up (上) / Alt + Page Down (右) / Alt + Page Up (左)
行頭へ移動	Home
最後のセルへ移動	Ctrl + End
[ジャンプ] 画面の表示	Ctrl + G / F5
セルを移動せずに入力を確定	Ctrl + Enter
先頭のセルへ移動	Ctrl + Home
データ範囲、またはワークシートの端のセルへ移動	Ctrl + ↑ / Ctrl + ↓ / Ctrl + ← / Ctrl + →
入力を確定後にセルを選択	Shift + Enter (前) / Tab (右) / Shift + Tab (左)
右のセルに移動	Tab
ワークシートの挿入	Alt + Shift + F1
ワークシート全体を選択／データ範囲の選択	Ctrl + A
ワークシートを移動	Ctrl + Page Down (右) / Ctrl + Page Up (左)

●データの入力と編集

空白セルを挿入	Ctrl + Shift + +
[形式を選択して貼り付け] 画面の表示	Ctrl + Alt + V
[検索] タブの表示	Shift + F5 / Ctrl + F
コメントの挿入／編集	Shift + F2
新規グラフシートの挿入	F11
新規グラフの挿入	Alt + F1
数式バーの展開／解除	Ctrl + Shift + U
セル内で改行	Alt + Enter
セル内で行末までの文字を削除	Ctrl + Delete
選択範囲の数式と値をクリア	Delete
選択範囲のセルを削除	Ctrl + -
選択範囲の方向へセルをコピー	Ctrl + D (下) / Ctrl + R (右)
選択範囲を切り取り	Ctrl + X
選択範囲をコピー	Ctrl + C
[置換] タブの表示	Ctrl + H
直前操作の繰り返し	F4 / Ctrl + Y
直前操作の取り消し	Alt + Backspace / Ctrl + Z
[テーブルの作成] 画面の表示	Ctrl + T
入力の取り消し	Esc
[ハイパーリンクの挿入] 画面の表示	Ctrl + K
貼り付け	Ctrl + V
編集・入力モードの切り替え	F2

●数式の入力と編集

SUM関数を挿入	Alt + Shift + =
[関数の引数] 画面の表示 (関数の入力後に)	Ctrl + A
現在の時刻を挿入	Ctrl + :
現在の日付を挿入	Ctrl + ;
数式を配列数式として入力	Ctrl + Shift + Enter
相対／絶対／複合参照の切り替え	F4
開いているブックの再計算	F9

●セルの書式設定

下線の設定／解除	Ctrl + U / Ctrl + 4
罫線の削除	Ctrl + Shift + _
斜体の設定／解除	Ctrl + I / Ctrl + 3
[セルの書式設定] 画面の表示	Ctrl + 1
[通貨] スタイルを設定	Ctrl + Shift + 4
[日付] スタイルを設定	Ctrl + Shift + 3
[パーセント] スタイルを設定	Ctrl + Shift + 5
太字の設定／解除	Ctrl + B / Ctrl + 2

索引

数字・アルファベット

0で始まる数字	41
1ページに収めて印刷	122
AVERAGE関数	110
COUNTIFS関数	156
CSV形式	202
Excelのオプション	32
IFERROR関数	170
IF関数	162
Microsoft 365のCopilot	210
Microsoft Copilot	208
Microsoft Search	22
OneDrive	198
PDF	132
ROUND関数	112
SUMIFS関数	154
SUM関数	108, 114
TEXTSPLIT関数	166
VLOOKUP関数	158, 160
VSTACK関数	168
XLOOKUP関数	164

ア

アクティブセル	34
移動	
グラフ	138
シート	30
印刷	118, 141
印刷タイトル	128
印刷の向き	120
印刷範囲	130
印刷プレビュー	118
ウィンドウ枠	94
上書き保存	26
エクスプローラー	25
エクスポート	132
エラー	160, 170
エリア	188
円グラフ	136, 143
オートSUM	109, 110
オートフィル	74
おすすめグラフ	134
折り返し	61
折れ線グラフ	136, 143

カ

改行	62
改ページプレビュー	124, 130
拡張子	203
下線	65
起動	20
行	
削除	47
選択	35
挿入	46
非表示	50
行番号	22
切り取り	78
クイックアクセスツールバー	22
空白のブック	21
グラフ	
Copilot	214
移動	138
色の変更	140
円グラフ	136
大きさの変更	138

折れ線グラフ		136
グラフタイトル		134, 139
グラフ要素		134, 144
種類の変更		135, 137, 149
提案		216
データ要素の選択		143
棒グラフ		135
ミニグラフ		176
グラフエリア		134
グラフタイトル		134, 139
グレゴリオ暦		56
罫線		68
系列		140
桁区切り		54
月末日付		75
元号		57
検索		82
合計		108, 114
構成比		104, 176
構造化参照		185
コピー		
行や列の挿入		49
シート		31
書式		72
数式		98
データ		76

サ

削除		
行や列		47
シート		29
参照方式		102
参照方法の変更		103
シート		
移動		30
コピー		31
再表示		197
削除		29
作成		28
集計		114
名前の変更		29
非表示		196
シート見出し		22
時刻		40
四捨五入		112
自動保存		210
斜体		65
終了		21
縮小		63
条件付き書式		172, 178
消費税		112
シリアル値		100
数式		
コピー		98, 107
テーブルへ入力		184
入力		96
数式バー		22
数値		41
ズームスライダー		22
スクロールバー		22
図形		152
[スタート]メニュー		20
ステータスバー		22
生成AI		208
絶対参照		102, 104

セル	22, 52
色	66
改行	62
切り取り	78
罫線	68
結合	58
結合の解除	59
コピー	76
書式のコピー	72
セルの3層構造	52
選択	34
高さの変更	44
幅の変更	44
貼り付け	78
複数選択	35
文字の結合	116
選択	
行	35
グラフ	139
セル	34
列	36
相対参照	102
挿入	
行	46
グラフ	135, 215
データバー	176
ピボットテーブル	189
列	46, 212

タ

第2軸	150
タイトルバー	22
足し算	108
タスクバー	21
縦(値)軸	134
縦(値)軸目盛線	134
タブ	23
置換	84
抽出	86
データ	
強調表示	172, 211
検索	82
コピー	76
修正	38
消去	39
置換	84
並べ替え	92
入力	38
入力規則	80
連続したデータ	74
データバー	176
データ要素	134, 143
データラベル	146
テーブル	182, 184

ナ

名前を付けて保存	27
並べ替え	92
入力規則	80
年月日	56

ハ

パーセント	55
パスワード	206
貼り付け	78, 99
貼り付けのオプション	79
凡例	134
日付	40, 56, 100

非表示		文字	
行や列	50	色	67
シート	196	大きさ	64
ピボットテーブル	188	折り返し	61
挿入	189	下線	65
データの更新	192	強調表示	172
［ピボットテーブルのフィールド］作業ウィンドウ	188	結合	116
		縮小	63
表示形式	54	種類	65
ピン留め	21	表示位置	60
ファイル		太字	65
OneDriveに保存	199	元に戻す	42
開く	24	モノクロ	141
保存	26		
ファイル名	27	**ヤ**	
フィールド	190, 194	やり直す	43
フィールドセクション	188	用紙	120
フィルター	86	横（項目）軸	134
フィルターボタン	86	余白	121, 127
フォント	64		
複合グラフ	148	**ラ**	
複合参照	103, 106	リボン	22
フッター	126	履歴	43
太字	65	ルールの管理	178
プリンター	119	レイアウトセクション	188
プロットエリア	134	列	
平均	110	削除	47
ページレイアウトプレビュー	125	選択	36
ヘッダー	126	挿入	46, 212
棒グラフ	135	非表示	50
		列番号	22
マ		連番	74
目盛り線	145	論理式	162

■著者
羽毛田睦土（はけた　まこと）

公認会計士・税理士。羽毛田睦土公認会計士・税理士事務所所長。合同会社アクト・コンサルティング代表社員。東京大学理学部数学科を卒業後、デロイトトーマツコンサルティング株式会社（現アビームコンサルティング株式会社）、監査法人トーマツ（現有限責任監査法人トーマツ）勤務を経て独立。BASIC、C++、Perlなどのプログラミング言語を操り、データベーススペシャリスト・ネットワークスペシャリスト資格を保有する異色の税理士である。会計業務・Excel両方の知識を生かし、Excelセミナーも随時開催中。

STAFF

シリーズロゴデザイン	山岡デザイン事務所 <yamaoka@mail.yama.co.jp>
カバー・本文デザイン	伊藤忠インタラクティブ株式会社
カバーイラスト	こつじゆい
本文イラスト	ケン・サイトー
DTP制作	柏倉真理子
校正	株式会社トップスタジオ
編集制作	高木大地
デザイン制作室	今津幸弘 <imazu@impress.co.jp>
	鈴木　薫 <suzu-kao@impress.co.jp>
制作担当デスク	柏倉真理子 <kasiwa-m@impress.co.jp>
編集	高橋優海 <takah-y@impress.co.jp>
編集長	藤原泰之 <fujiwara@impress.co.jp>

本書のご感想をぜひお寄せください

https://book.impress.co.jp/books/1124101130

読者登録サービス

アンケート回答者の中から、抽選で**図書カード（1,000円分）**
などを毎月プレゼント。
当選者の発表は賞品の発送をもって代えさせていただきます。
※プレゼントの賞品は変更になる場合があります。

■商品に関する問い合わせ先

このたびは弊社商品をご購入いただきありがとうございます。本書の内容などに関するお問い合わせは、下記のURLまたは二次元バーコードにある問い合わせフォームからお送りください。

https://book.impress.co.jp/info/

上記フォームがご利用いただけない場合のメールでの問い合わせ先

info@impress.co.jp

※お問い合わせの際は、書名、ISBN、お名前、お電話番号、メールアドレス に加えて、「該当するページ」と「具体的なご質問内容」「お使いの動作環境」を必ずご明記ください。なお、本書の範囲を超えるご質問にはお答えできないのでご了承ください。

- 電話やFAXでのご質問には対応しておりません。また、封書でのお問い合わせは回答までに日数をいただく場合があります。あらかじめご了承ください
- インプレスブックスの本書情報ページ https://book.impress.co.jp/books/1124101130 では、本書のサポート情報や正誤表・訂正情報などを提供しています。あわせてご確認ください。
- 本書の奥付に記載されている初版発行日から3年が経過した場合、もしくは本書で紹介している製品やサービスについて提供会社によるサポートが終了した場合はご質問にお答えできない場合があります。

■落丁・乱丁本などの問い合わせ先

FAX 03-6837-5023
service@impress.co.jp
※古書店で購入された商品はお取り替えできません。

できるポケット

Excel 2024 Copilot対応 基本 & 活用マスターブック
Office 2024 & Microsoft 365版

2025年2月21日 初版発行

著　者　羽毛田睦土&できるシリーズ編集部

発行人　髙橋隆志
編集人　藤井貴志
発行所　株式会社インプレス
　　　　〒101-0051　東京都千代田区神田神保町一丁目105番地
　　　　ホームページ　https://book.impress.co.jp/

本書は著作権法上の保護を受けています。
本書の一部あるいは全部について（ソフトウェア及びプログラムを含む）、
株式会社インプレスから文書による許諾を得ずに、
いかなる方法においても無断で複写、複製することは禁じられています。

Copyright © 2025 Act Consulting LLC. and Impress Corporation. All rights reserved.

印刷所　シナノ書籍印刷株式会社
ISBN978-4-295-02114-8 C3055

Printed in Japan